| 과학자가 들려주는 과학 이야기 (41-50권)

통합형 논술 활용노트 5

통합형 논술 활용노트 5

초판 1쇄 인쇄일 | 2010년 9월 15일
초판 1쇄 발행일 | 2010년 9월 20일

펴낸이 | 강병철
펴낸곳 | (주)자음과모음

주　　간 | 정은영
편　　집 | 장기선, 노희성, 김소희, 박효진
디 자 인 | 이연경
제　　작 | 시명국
마 케 팅 | 박현경, 김정혜, 유혜영
영　　업 | 조광진, 안재임

출판등록 | 2001년 5월 8일 제20－222호
주　　소 | 121－753 서울시 마포구 동교동 165－1 미래프라자빌딩 7층
전　　화 | 편집부 (02)324－2347, 총무부 (02)325－6047
팩　　스 | 편집부 (02)324－2348, 총무부 (02)2648－1311
e－mail | jamoplan@gmail.com
Home page | www.jamo21.net

ISBN 978－89－544－2285－7 (44400)
ISBN 978－89－544－2280－2 (set)

과학자가 들려주는 과학 이야기 41-50권

통합형 논술 활용노트

5

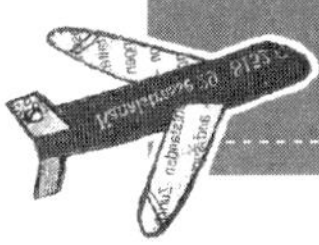

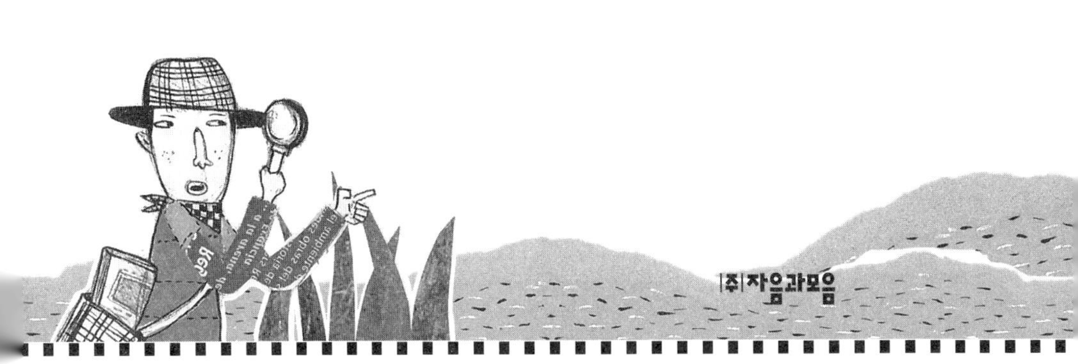

(주)자음과모음

차례

통합형 논술 활용노트

통합형 논술 활용노트란?

〈과학자가 들려주는 과학 이야기〉 시리즈의 독서 후 활동으로 활용되는 통합형 논술 활용노트입니다.

노트 활용하기!

첫 번째, 책을 다 읽고 나서 노트에 있는 문제들을 풀어 보도록 합니다.

두 번째, 모르는 문제는 그냥 넘어가도록 합니다.

세 번째, 문제를 다 풀었으면 책에서 답을 구해 보도록 합니다.

네 번째, 문제 중에는 여러분의 개인적인 생각을 써야 하는 부분이 있습니다. 자신의 생각을 논리적으로 적어 보도록 합니다.

다섯 번째, 어떤 이론이든 한 번에 나온 것은 없습니다. 과학자들이 실패를 거듭함으로써 얻어진 결과입니다. 여러분이라면 어떤 가설을 세웠을지 생각해 보도록 합니다.

여섯 번째, 노트는 책이 아닙니다. 말 그대로 여러분이 쓰고 싶은 것들을 연습장처럼 쓰면 됩니다.

일곱 번째, 노트의 맨 뒤에는 문제 풀이가 있습니다. 책을 찾아봐도 이해가 되지 않는 문제를 중심으로 보기 바랍니다. 이 노트는 채점을 위한 시험이 아닙니다. 얼마나 책을 잘 읽었는지, 잘 이해하고 있는지를 스스로 확인해 보는 것입니다.

041

폴링이 들려주는 **화학 결합** 이야기

$PV=nRT$

$W=F\cdot s$

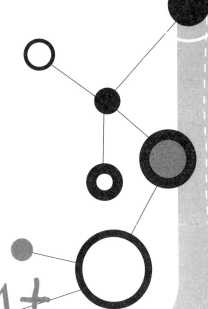

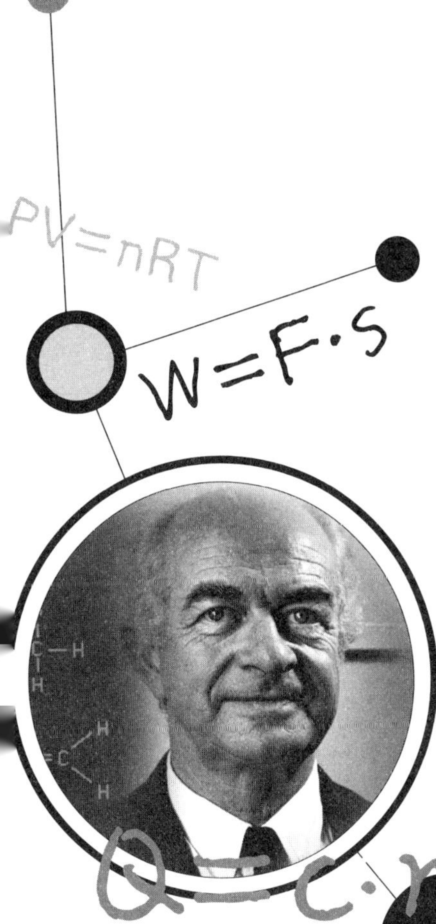

$Q=c\cdot m\cdot \Delta t$

첫 번째 수업

01 화학 결합으로 만들어지는 분자 나라의 신비

겨우 수십 가지에 지나지 않는 원자들이 수없이 많은 물질을 만들어 낼 수 있는 것은 화학 결합 덕분입니다. 화학 결합이란 무엇인가요?

2 다른 원자와 결합할 수 있는 능력은 원자의 종류, 즉 원소에 따라 다릅니다. 원자들이 겉으로는 모두 비슷하게 생겼지만 화학적 성질이 다른 까닭은 무엇일까요?

POINT

원자들이 결합할 때에는 각 원소의 성질은 없어지고, 전혀 다른 성질을 가진 분자가 만들어집니다.

두 번째 수업

02 물과 친한 분자들

1 물은 여러 종류의 물질을 잘 녹입니다. 이것은 물 분자가 부분적으로 전기를 띠고 있기 때문입니다. 물 분자가 부분 전기를 띠게 되는 까닭은 무엇인가요?

2 소금 덩어리에 전원과 도선을 연결하고 전류를 흘려보내도 소금에는 전류가 흐르지 않습니다. 이온 결정은 고체 상태에서는 전기가 통하지 않기 때문입니다. 이온이 고체 상태에서 꼼짝 못하는 까닭은 무엇일까요? 소금을 예로 들어 설명해 보세요.

POINT

양이온과 음이온으로 이루어진 물질을 이온 결정이라고 합니다. 이온 결정은 고체 상태에서는 양이온과 음이온이 규칙적으로 쌓여 있어 이온들이 이동할 수 없지만, 액체 상태에서는 이온들이 자유롭게 움직일 수 있습니다.

세 번째 수업

03 물과 친하지 않은 분자들

1 물에 녹지 않는 물질에는 탄화수소 화합물이 많이 있습니다. 벤젠, 플라스틱, 메탄, 프로판, 파라핀 등이 그 예가 됩니다. 물에 잘 녹지 않는 분자들의 공통점은 무엇인가요?

POINT

메탄, 프로판, 단백질, 녹말, 셀룰로오스 등은 물에 녹지 않는 무극성 분자들이기 때문에 전류를 통하지 않습니다. 물에 녹지 않으므로 이온화되지 않기 때문입니다.

네 번째 수업

04 원자와 원자가 사이좋게 어울리면

1 수소 원자 2개와 산소 원자 1개가 결합하면 물 분자가 만들어집니다. 수소 원자와 산소 원자는 어떤 방법으로 결합할까요?

POINT

한 원자에서 내놓은 전자 1개와 상대 원자에서 내놓은 전자 1개가 서로 짝을 이루어 공유하는 것을 공유 전자쌍이라고 합니다.

다섯 번째 수업

05 원자 세계의 약육강식

1 원자 성질은 무엇의 수에 따라 결정되나요? 중성인 원자가 전자를 잃거나 얻으면 무엇이 될까요?

2 수소 분자처럼 같은 원자로 이루어진 분자는 무극성 분자입니다. 그러나 염화수소 분자처럼 다른 원자로 이루어진 분자는 극성 분자입니다. 무엇의 차이 때문일까요?

3 공유 결합 분자에서 전기 음성도 크기와 공유 전자쌍은 무슨 관련이 있나요?

4 분자 모양으로 극성 분자, 무극성 분자를 구분하려 해요. 어떤 차이가 있을까요?

POINT

분자 내에서 원자가 전자를 끌어당기는 상대적인 힘을 전기 음성도라고 합니다. 공유 결합 분자에서 전기 음성도가 큰 원자는 공유 전자쌍을 더 많이 끌어당깁니다.

여섯 번째 수업

06 양이온과 음이온이 차곡차곡 쌓이면

1 요리할 때 구운 소금은 아주 유용하게 쓰입니다. 구운 소금은 소금을 800℃ 이상으로 가열했다 다시 식힌 것입니다. 800℃ 이상에서 소금은 액체 상태가 되기는 하지만, 나무처럼 타 버리지는 않습니다. 무엇 때문일까요?

POINT

이온 결합으로 이루어진 물질을 이온 결정이라고 합니다. 이온 결정은 양이온과 음이온이 일정한 배열로 쌓여 만들어집니다.

일곱 번째 수업

07 전자의 바다 : 금속 결합

금속은 아주 높은 온도나 낮은 온도에서 금속의 결정 구조가 바뀌는 일이 생깁니다. 이것을 금속의 변태라 부르는데 이 현상은 왜 일어날까요?

POINT

금속 결정은 자유 전자들이 바다를 이루고 금속 양이온들이 이 바다에서 떠 있는 것과 같은 모형을 하고 있습니다. 이때 자유 전자는 금속 양이온 사이를 돌아다니면서 이온들을 결속시킵니다. 이러한 금속 내의 자유 전자로 인해 금속의 여러 가지 성질이 나타납니다.

마지막 수업

08 오비탈은 전자가 사는 방

1 전자는 여러 가지 모양으로 퍼져 있는데 이렇게 전자가 분포한 모양을 오비탈이라고 합니다. 오비탈에 여러 모양이 존재하는 까닭은 무엇일까요?

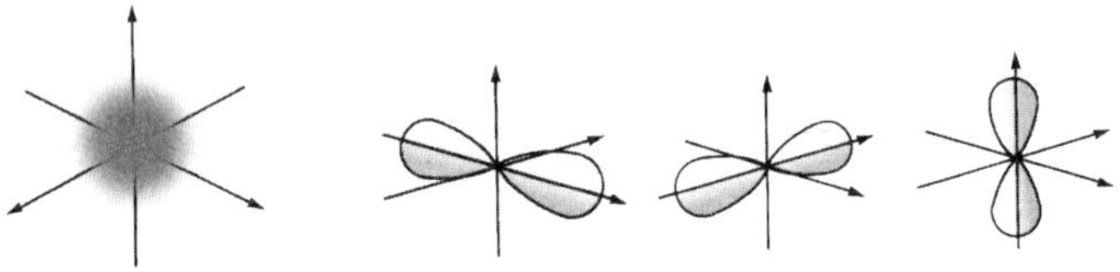

s 오비탈　　　　　　　　3개의 p 오비탈

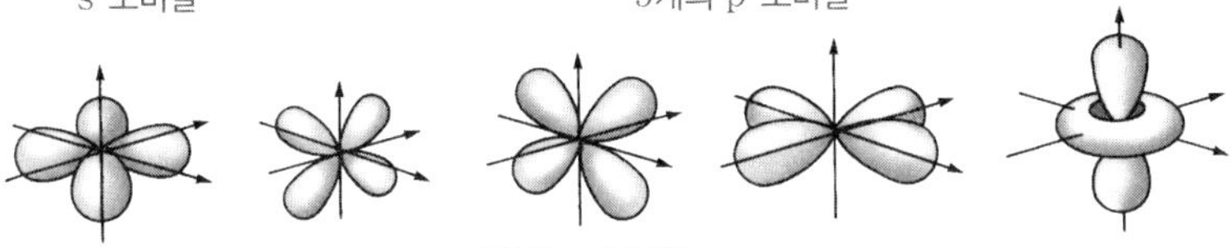

5개의 d 오비탈

POINT

전자는 여러 가지 모양으로 퍼져 있으며, 전자의 에너지 상태에 따라 오비탈의 모양이 달라집니다. 1개의 오비탈에는 최대로 2개의 전자가 들어갈 수 있으며, 전자는 에너지가 낮은 오비탈부터 순서대로 채워집니다.

042

에딩턴이 들려주는 중력 이야기

$PV=nRT$

$W=F \cdot S$

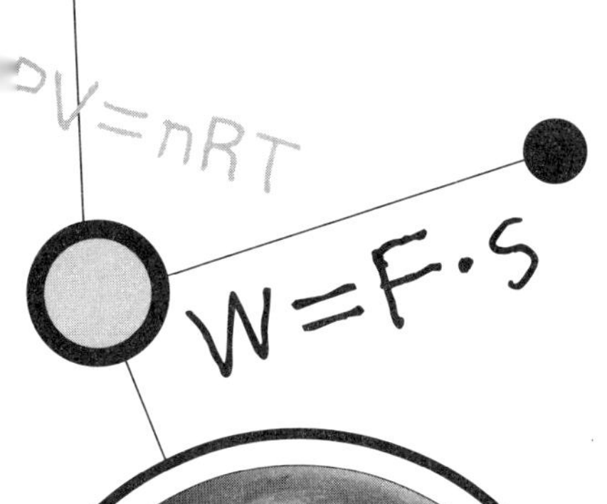

$Q=c \cdot m \cdot \Delta t$

첫 번째 수업

01 중력과 지구 중심

모든 물체는 아래로 떨어집니다. 그 이유는 무엇 때문인가요?

POINT

물건을 던지면 아래로 떨어집니다. 떨어진다는 건 힘이 작용하고 있는 것입니다. 지구에선 그 힘이 땅바닥으로 향합니다. 땅이 잡아당기는 힘인 것이죠.

두 번째 수업

02 중력과 중력 가속도

1 고대 그리스의 대학자 아리스토텔레스는 무거운 공과 가벼운 공을 동시에 떨어뜨렸을 때 무거운 공이 먼저 떨어진다고 생각했습니다. 실제로 무거운 공과 가벼운 공을 동시에 떨어뜨렸을 때 나타나는 결과와 그런 결과가 나온 이유를 함께 설명하세요.

POINT

중력 가속도는 물체가 운동할 때 중력의 작용으로 생기는 가속도를 말합니다. 물체에 작용하는 중력을 그 물체의 질량으로 나눈 것으로, 그 값은 지구상의 위치와 높이에 따라 다르지만 대략 $9.8m/s^2$이 됩니다.

2 63빌딩에서 150g인 벽돌과 50g인 사전을 동시에 떨어뜨렸습니다. 아리스토텔레스의 이론에 따르면 무엇이 몇 배 빠른 속도로 도착할까요? 그리고 실제 결과는 어떨까요?

POINT

아리스토텔레스는 낙하 현상에 대해서 무거울수록 빨리 떨어진다고 주장했습니다. 하지만 실제 실험 결과, 동시에 낙하하면 무게와 상관없이 동시에 떨어집니다.

세 번째 수업

03 중력과 만유인력

1. 지구 중력은 높이에 따라 어떤 차이를 보이나요?

2. 만유인력의 법칙을 설명해 보세요.

POINT

만유인력은 우주의 모든 물체들 사이에 작용하는 힘으로, 거리와 질량에 절대적인 영향을 받습니다. 1665년 뉴턴은 케플러가 발견한 행성 운동에 관한 세 가지 법칙을 기본으로 하여 만유인력을 발견했습니다.

네 번째 수업

04 해왕성과 미적분학

1 뉴턴은 자신의 중력 이론을 적용하여 태양계에 발견하지 못한 또 다른 행성이 있다고 확신하였습니다. 그가 그렇게 확신할 수 있었던 이유를 설명해 보세요.

POINT

뉴턴은 우주에 존재하는 모든 천체에는 끌어당기는 힘이 작용한다고 주장했습니다.

다섯 번째 수업

05 중력과 가속도

1 우주는 무중력 상태인데 우주선을 가속시키면 비행사의 몸은 둥둥 뜨지 않습니다. 이런 현상이 일어나는 원리를 설명해 보세요.

2 빈칸에 알맞은 말을 써 넣고, 등가 원리 법칙을 정리해 보세요.

우주선의 가속은 (   )을 야기하고, 그렇게 생긴 (   )은 다시 동등한 세기의 (   )으로 이어집니다.

여섯 번째 수업

06 중력과 공간

1 아인슈타인은 지구와 태양이 중력을 주고받아서 지구가 공전한다는 뉴턴의 생각에 동의할 수 없었습니다. 그 이유는 무엇인가요?

2 뉴턴에 반해 아인슈타인은 지구가 태양 둘레를 공전하는 이유를 무엇이라고 생각했나요?

POINT

지구의 공전을 뉴턴은 중력의 당기는 힘으로, 아인슈타인은 공간의 휨으로 해석하였습니다.

3 개기 일식이 일어나는 날 태양 주변을 관측했을 때 별빛이 휘는 걸 볼 수가 있었습니다. 이런 사실은 아인슈타인의 어떤 생각을 뒷받침할 수 있는 근거가 되나요?

4 영국 왕립학회의 발표 이후, 〈뉴욕타임스〉에 난 기사 제목입니다.

'하늘의 빛은 굽어 있다. 아인슈타인의 승리!'

이 제목에 맞는 기사를 작성해 보세요.

POINT

아인슈타인은 일반 상대성 이론을 발표하면서 '빛이 중력장 속에서 휜다'고 주장하였습니다. 1919년 영국의 과학자들은 개기 일식 때, 태양 저편의 별빛이 태양을 지나 지구로 오는 과정에서 태양 중력에 의해 휜다는 사실을 직접 관측할 수 있었습니다.

일곱 번째 수업

07 하나의 별이 여러 개로

1 백색 왜성은 흰색을 발하는 '난쟁이별' 이라는 뜻이며, 거기에는 시리우스의 짝별이 있습니다. 백색 왜성은 어떤 특징을 가지고 있나요?

2 '아인슈타인의 고리' 는 어떻게 만들어지는 것인가요? 아인슈타인의 고리가 만들어지는 원리를 설명해 보세요.

POINT

천체 주위로 둥글게 만들어지는 별 무리의 둥근 띠를 '아인슈타인의 고리' 라고 부릅니다. 아인슈타인의 고리가 만들어지기 위해서는, 중력이 매우 강한 천체가 지구와 별 사이에 위치해야 합니다.

마지막 수업

08 중력의 왕, 블랙홀

1. 블랙홀은 어떤 특징을 가지고 있나요?

2. 자연계의 법칙 중 대칭성에 맞게 블랙홀과 대칭되는 천체를 설명해 보세요.

POINT

중력이 강할수록 공간은 심하게 휘고, 중력의 세기가 너무 강해 빛조차 빠져나오지 못하는 천체가 바로 블랙홀입니다.

043

뢰머가 들려주는 **광속** 이야기

첫 번째 수업

01 광속, 무한이냐 유한이냐?

1 고대 그리스 시대에서 르네상스 시대까지 광속이 무한하다고 생각했습니다. 왜 그렇게 생각했나요?

POINT

아리스토텔레스와 헤론은 광속이 무한하다고 했습니다. 먼 우주에서 오는 광속은 잴 수 없을 만큼 빠르기 때문이었습니다. 하지만 레오나르도 다 빈치는 광속이 유한하다고 했습니다. 사람마다 생각하는 것이 다릅니다. 학자들은 자신의 견해를 어떻게 입증했을까요?

두 번째 수업

02 갈릴레이, 광속을 간파하다

1 아리스토텔레스와 갈릴레이는 과학적 업적을 쌓은 방법이 어떻게 달랐나요?

2 과학 이론이나 실험 하나만으로도 과학이라고 할 수 있나요?

세 번째 수업

03 갈릴레이의 광속 실험과 관련하여

1. 갈릴레이는 광속이 무한하지 않다는 걸 입증하려고 여러 번 실험을 했습니다. 그가 실험에서 실패한 이유는 무엇인가요?

2. 광속이 내달리는 거리는 초속 30만 km입니다. 속도는 거리를 시간으로 나눈 값입니다. 지구에서 빛의 속도를 구할 수 있을까요?

POINT

빛은 초속 30만 km 즉 지구를 일곱 바퀴 반이나 돕니다. 그런 빛을 측정할 수 있을까요? 갈릴레이는 당시 여건에서 광속을 구할 수 없었던 것입니다.

네 번째 수업

04 지구를 벗어난 광속

1. 광속을 측정하기 위해서는 우주로 가야 합니다. 우주에서는 어떻게 측정할 수 있을까요?

2. 광속은 절대 변하지 않는다고 합니다. 그러면 우주에서도 광속은 변하지 않는 걸까요?

POINT

빛도 우주에선 그저 평범한 존재입니다. 빛이 지구에서처럼 순식간에 도달할 수 있는 곳은 없습니다. 광년은 빛이 연도 단위로 내달린 거리입니다. 1광년은 빛이 1년간, 100광년은 100년간 우주로 날아간 거리인 것입니다.

다섯 번째 수업

05 뢰머와 이오의 만남

1 뢰머가 광속을 측정하기 위해 목성의 위성 이오를 선택한 이유는 무엇인가요?

2 갈릴레이와 그 당시 사람들은 천체 망원경을 사용하는 목적이 달랐습니다. 어떻게 달랐나요?

3 갈릴레이가 수천 년 동안 굳게 믿어 왔던 지구 중심설을 의심하게 된 원인은 무엇인가요?

POINT

달이건 목성이건 목성의 위성이건 예외 없이 지구 둘레를 돌아야 했습니다. 그런데 지구가 아닌, 목성 둘레를 회전하는 네 개의 위성을 갈릴레이가 발견했습니다. 이 사실은 수천 년 동안 믿어 온 지구 중심설을 뒤흔드는 것이었습니다.

여섯 번째 수업

06 뢰머의 이오 관찰과 관련하여

1 목성 주위를 돌고 있는 이오를 관찰하는데 이오가 나타났다가 사라지는 현상을 반복한다면, 여기서 무엇을 추측할 수 있나요?

2 공전 궤도는 천체의 질량에 절대적인 영향을 받습니다. 이오가 목성을 공전하는 경우 이오와 목성의 질량은 어떻게 될까요?

POINT

천동설에 따르면 지구는 움직이지 않고 모든 천체는 지구를 중심으로 공전해야 합니다. 하지만 이오의 공전 주기를 설명하려면, 지구가 멈추어 있어서는 안 됩니다. 결국 이오의 공전 운동이 천동설을 무너뜨린 것입니다.

일곱 번째 수업

07 뢰머와 광속 그리고 그 이후

1 뢰머 이후의 광속을 측정한 물리학자들이 있었습니다. 다음의 광속 측정 방법은 어느 학자의 방법인지 [보기]에서 찾아 쓰세요.

[보기]

피조　맥스웰　마이컬슨과 몰리　푸코

① 간섭계를 이용해 광속을 초속 299,798km로 측정 (　　)

② 고속으로 회전하는 톱니바퀴를 이용해 광속을 초속 314,000km로 측정 (　　)

③ 회전 거울을 이용하여 광속을 초속 298,000km로 측정 (　　)

④ 전자기 파동 방정식을 이론적으로 유도하여 광속이 진공 중에서 초속 300,000km라는 것을 정확히 측정 (　　)

2 피조, 푸코, 마이컬슨이 광속 측정 실험을 한 목적은 보다 정밀한 광속 값을 찾으려는 것이 아닙니다. 무엇을 설명하기 위한 것이었나요?

POINT

이오가 50바퀴 공전하면, 지구는 공전 궤도의 $\frac{1}{4}$가량을 움직인다는 뜻입니다. 빛이 이동하는 거리가 길어진 만큼, 시간 차이가 적잖게 난다는 것입니다. 이 차이를 이용해서 광속을 구할 수 있습니다. 측정한 거리와 잰 시간을 속도 공식에 넣어서 계산하면 광속을 구할 수 있습니다.

여덟 번째 수업

08 광속이 무한하지 않아서 생기는 현상

1 어떤 별이 지구에서 100광년 떨어져 있습니다. 이 별빛이 지구에 도착하려면 몇 년이 걸릴까요?

2 천체 물리학자들이 고성능 천체 망원경으로 우주 맨 바깥쪽에 위치한 별을 보려고 애쓰는 이유는 무엇인가요?

POINT

지구에서는 과거의 별 모습만을 볼 수 있습니다. 별과 지구의 거리가 멀면 멀수록 도달하는 데 걸리는 시간이 길어집니다. 태양 광선이 지구까지 오는 데 8분 20여 초가 걸리니까, 그보다 멀리 떨어져 있는 천체는 더 오래 걸리는 것입니다.

아홉 번째 수업

09 아인슈타인의 광속

1 아인슈타인은 빛보다 더 빨리 달리는 건 없다고 주장합니다. 빛보다 빠른 물질이 있다면 어떤 현상이 생길지 상상해 보세요.

POINT

아인슈타인에 의하면 광속에 가까워지면 움직이는 쪽으로 길이가 수축한다고 합니다. 또 질량이 무거워진다고 합니다. 마지막으로 시간이 느리게 간다고 말합니다.

마지막 수업

10 광속보다 빠른 입자

광속 이상으로 내달릴 수 있는 입자가 있을 거라고 주장하는 과학자들도 있습니다. 이러한 입자를 타키온(tachyon)이라 하는데 이런 입자가 있다면 어떨까요?

POINT

타키온 전화의 역설은 원인과 결과의 순서를 뒤바꿔 인과의 법칙을 깨뜨린 것입니다. 원인 없이도 결과가 앞에 나오고, 결과는 이미 나왔는데 원인이 뒤따르는 겁니다. 이건 미래나 과거로 마음대로 왔다 갔다 할 수 있다는 말이기도 합니다.

044

볼츠만이
들려주는
열역학 이야기

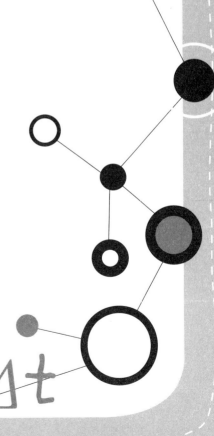

$PV=nRT$

$W=F\cdot s$

$Q=c\cdot m\cdot \Delta t$

첫 번째 수업

01 열이란 무엇일까요?

1cal의 열이란 물 1g을 1℃ 높이는 데 필요한 열량을 말합니다. 물 2g을 1℃ 높이는 데는 2cal의 열이 필요하고, 물 1g을 2℃ 높이는 데 필요한 열량은 2cal입니다. 이 두 가지 사실로 미루어 짐작할 수 있는 규칙은 무엇일까요?

2 철 1g에 1cal의 열량이 공급되면 온도가 몇 ℃ 높아질까요? 이것은 다음 식을 풀면 알 수 있습니다.

$$1\text{cal} = \frac{1}{8} \times 1\text{g} \times (\text{온도 변화})$$

이 식을 풀면 온도 변화는 8℃가 됩니다. 위 식에서 $\frac{1}{8}$은 무엇일까요?

3 낮에는 바다에서 육지로 해풍이 불고 밤에는 육지에서 바다로 육풍이 붑니다. 이렇게 낮과 밤에 따라 바람의 방향이 다른 까닭은 무엇일까요?

POINT

열량 = 비열×질량×온도 변화

두 번째 수업

02 뜨거운 물체와 차가운 물체가 만나면

1 컵 각각의 물의 양은 50g입니다. 두 물 컵에 담긴 물의 온도는 각각 70℃와 30℃입니다. 각각의 컵에 든 물을 한 곳에 부었습니다. 그러고는 온도를 재었더니 50℃였습니다. 50℃는 어떻게 나왔을까요?

POINT

뜨거운 물과 차가운 물을 섞으면 미지근한 물이 됩니다. 그 원리에 대해 생각해 보세요.

03 열팽창 이야기

1 철사 줄을 뜨겁게 가열하면 길이가 길어집니다. 이렇게 열에 의해 물체의 길이가 늘어나는 것을 열팽창이라고 합니다. 왜 열팽창이 일어날까요?

2 한겨울에도 깊은 호수의 물은 얼지 않습니다. 호수 표면의 얼음 아래는 물의 온도가 4℃로 유지되기 때문입니다. 어떻게 그 온도로 유지되는 것일까요?

POINT

물질에 열을 공급하면 온도 변화가 생깁니다. 이때 늘어난 길이는 처음 길이에 비례하고 온도 변화에 비례합니다. 그리고 열팽창 계수가 클수록 열팽창이 잘되는 물질이 됩니다.
늘어난 길이=열팽창 계수×처음 길이×온도 변화

네 번째 수업

04 열은 어떻게 전달될까요?

1 보글보글 라면을 끓여 먹을 거예요. 먼저 그릇에 물을 담고 끓여야겠죠? 그릇에 물을 끓이는 것은 대류를 이용한 것이랍니다. 그릇에 물을 붓고 그릇 바닥을 가열하면 어떤 현상이 일어나 물 전체가 따뜻해지는 것일까요?

2 여름에는 주로 흰색 옷을 많이 입고, 겨울에는 주로 검은색 옷을 많이 입습니다. 무엇 때문일까요?

POINT

전도는 물체를 통해 열이 직접적으로 전달되는 것을 말하며, 대류는 가열된 액체나 기체가 열을 전달하는 방식을 말합니다. 그리고 뜨거워진 물체가 빛의 형태로 에너지를 전달하는 것이 복사입니다.

다섯 번째 수업

05 물질의 상태 변화

1 융해와 응고는 어떻게 일어나는 현상일까요? 설명해 보세요.

2 증발을 이용하면 여름에 물통 속의 물을 차갑게 유지할 수 있습니다. 물통 속의 물은 뜨거운 공기와 접촉해 뜨거운 공기의 열에너지를 전달 받아 데워집니다. 이때 물통을 물수건으로 덮으면 물통 속의 물을 차게 유지할 수 있습니다. 그 이유는 무엇일까요?

3 응축과 승화는 각각 어떤 현상인지 설명해 보세요.

여섯 번째 수업

06 열역학 제1법칙

1 주전자에 물을 담아 가스레인지 위에 올려놓았습니다. 잠시 후 물이 끓으면서 주전자 뚜껑이 들썩거렸습니다. 주전자에 공급한 열에너지는 어떤 형태의 에너지로 바뀌었나요?

POINT

열역학 제1법칙 : 열기관에 열을 공급하면 같은 양의 다른 형태의 에너지로 바뀝니다.
열기관에 공급한 열=내부 에너지의 증가+열기관이 한 일

07 엔트로피 이야기

1 무질서한 정도를 나타내는 양으로 무질서할수록 이것이 크다고 말합니다. 이것은 무엇일까요?

08 열역학 제2법칙

1 열역학 제2법칙은 엔트로피 증가 법칙입니다. 모든 반응은 엔트로피가 증가하는 방향으로 진행된다는 것이죠. 아래와 같이 칸막이가 있는 두 칸의 용기에 한쪽에는 70℃의 물을, 나머지 한쪽에는 30℃의 물을 같은 양만큼 넣었습니다. 그 다음에 칸막이를 빼면 물의 온도 변화는 어떻게 될까요? 왜 이런 온도 변화가 일어날까요?

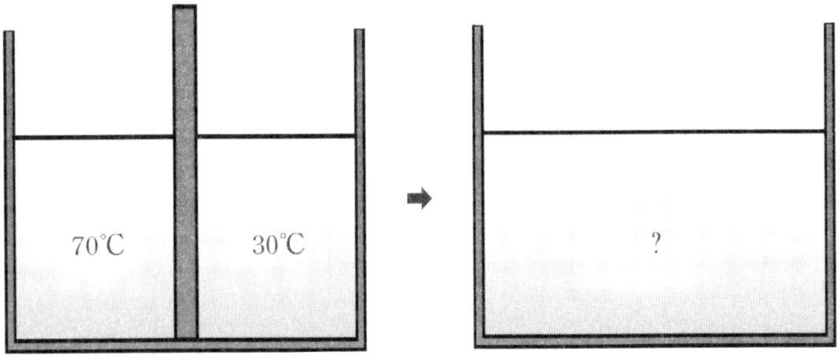

POINT

열기관이 받은 열=열기관이 한 일+열기관이 방출한 열

마지막 수업

09 맥스웰의 도깨비

1 예를 들어, 물컵에 실수로 빨간 잉크를 한 방울 떨어뜨렸습니다. 잉크는 골고루 퍼져 물을 빨갛게 물들이겠죠? 만약 열역학 제2법칙이 성립하지 않으면 어떤 일이 일어날까요?

POINT

열역학 제2법칙은 자연 현상에는 비가역적 과정이 존재한다는 것을 주장하는 법칙입니다.

045

코페르니쿠스가 들려주는 지동설 이야기

PV=nRT

W=F·S

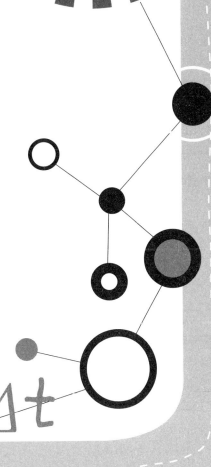

Q=c·m·Δt

첫 번째 수업 ~ 두 번째 수업

01 ~02 천문학자가 된 참사회 의원 신화에서 과학으로

1 신의 창조 이야기로 시작한 우주 이야기가 과학으로 자리 잡게 된 것은 천동설이 시작입니다. 천동설은 어떤 근거에 의한 학설인가요?

2 피타고라스의 영향으로 자연이나 천체 현상을 연구할 때 사용되기 시작한 원리는 무엇인가요?

POINT

고대 그리스의 철학자이자 수학자이며 종교가인 피타고라스는 수를 만물의 근원으로 생각하였으며, '피타고라스의 정리'를 발견하여 과학적 사고를 구축하는 데에 큰 구실을 하였습니다.

3 옛날 사람들이 지구가 네모라고 생각했던 이유와 지금 지구가 둥글다고 생각하는 이유는 무엇이라고 생각하나요?

4 다음은 지구를 중심으로 모든 천체가 돌고 있다는 천동설을 탄생시킨 고대 과학자들의 성과입니다. 설명이 맞으면 ○ 틀리면 × 하세요.

① 지구는 구형이다. (　)

② 달은 스스로 빛을 낸다. (　)

③ 월식 때 지구의 그림자와 달의 크기를 비교하면 지구의 지름은 달의 지름 4배이다. (　)

④ 달과 태양의 겉보기 크기가 다르고 태양의 지름은 달 지름의 20배이다. (　)

⑤ 반달 때 지구와 달, 그리고 지구와 태양을 잇는 각은 89.85°이다. (　)

세 번째 수업

03 지구와 달 그리고 태양의 크기를 재다

! 에라토스테네스가 구한 지구의 둘레와 지구의 지름은 대략 얼마인가요?

POINT

에라토스테네스는 최초로 지구의 크기를 알았습니다. 그가 지구 크기를 측정할 때 가정한 두 가지 사실은 지구는 둥글다는 것과 태양 광선은 평행하다는 것이었지요.

네 번째 수업

04 아리스타르코스의 지동설

1 고대 그리스인이 지동설보다 천동설을 더 믿었던 이유는 무엇일까요?

POINT

천동설은 우주의 중심은 지구이고, 모든 천체는 지구의 둘레를 돈다는 학설입니다. 근대 천문학이 발달하지 않은 16세기까지 세계적으로 널리 받아들여졌으나, 오늘날에는 비과학적인 학설임이 밝혀졌습니다.

다섯 번째 수업

05 프톨레마이오스의 천동설

1. 천동설을 주장하던 사람들이 한 발 후퇴하게 된 원인은 무엇인가요?

2. 고대 그리스 시대의 교회들은 지구가 둥글다고 주장하는 사람들을 이단자로 취급하였습니다. 그런 교회에서 프톨레마이오스의 천동설을 정설로 받아들인 이유는 무엇 때문인가요?

POINT

고대인은 지구가 우주의 중심에 정지해 있다는 천동설을 믿었습니다. 이런 생각을 바탕으로 천동설 체계를 완성한 사람이 프톨레마이오스입니다.

06 암흑시대를 넘어 다시 지동설로

1. 지동설에 관해 코페르니쿠스도 잘못 인식했던 두 가지의 문제점은 무엇인가요?

2. 천동설로는 행성의 불규칙 운동을 설명하기가 어려웠지만 지동설을 이용하면 명쾌하게 설명할 수 있습니다. 어떤 원리인가요?

POINT

태양과 별이 지구를 중심으로 움직이고 있는 겉보기 운동과는 달리, 지구가 돌고 있다는 코페르니쿠스의 우주 체계는 가히 혁명적인 것이었습니다. 흔히 대담하고 획기적인 생각을 '코페르니쿠스적 발상'이라고 부를 만큼 그의 이론은 당시 사람들에게 큰 충격을 주었습니다.

일곱 번째 수업

07 천체의 회전에 관하여

1 코페르니쿠스의 지동설이 하나의 가설이 아니라 실제 우주라는 사실을 적극적으로 세상에 알린 사람은 누구인가요? 그리고 무엇을 이용하여 증명하였나요?

POINT

코페르니쿠스는 태양으로부터 가까운 순으로 수성 · 금성 · 지구 · 화성 · 목성 · 토성 등의 행성들이 배열되어 있으며, 각 행성들은 일정한 속도를 가지고 태양 주위를 원운동한다고 생각했습니다.

여덟 번째 수업

08 갈릴레이와 지동설

갈릴레이가 지동설을 주장한 과학적 근거로는 어떤 것이 있나요?

마지막 수업

09 지동설을 완성한 브라헤와 케플러

1 지동설을 오늘날 정설로 증명하는 데 노력한 학자들의 계보를 시대 순으로 정리해 보세요.

2 케플러의 행성 운동에 관한 3가지 법칙이란 무엇인가요?

046

피타고라스가 들려주는 삼각형 이야기

$PV=nRT$

$W=F\cdot s$

$Q=c\cdot m\cdot \Delta t$

첫 번째 수업

01 삼각형이란 무엇일까요?

1 우리는 무엇을 삼각형이라고 부를까요? 삼각형의 정의를 내려 보세요.

2 변의 길이에 따라 3종류의 삼각형이 있다고 배웠습니다. 어떤 삼각형인지 적어 보세요.

두 번째 수업

02 삼각형과 각도

1 다음 삼각형에서 ∠C의 외각의 크기는 무엇과 같을까요?

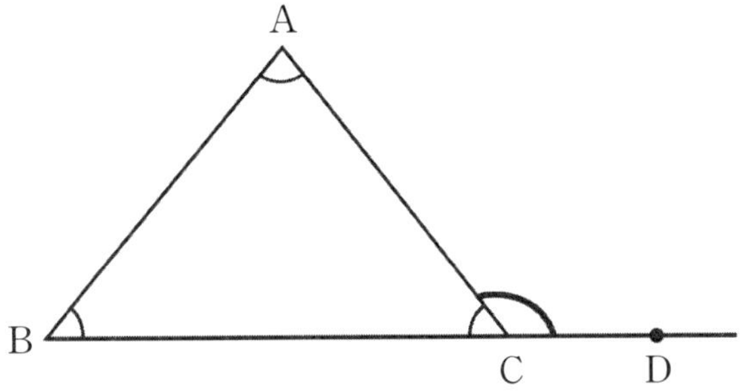

2 다음 그림을 보고 알 수 있는 사실 2가지는 무엇일까요?

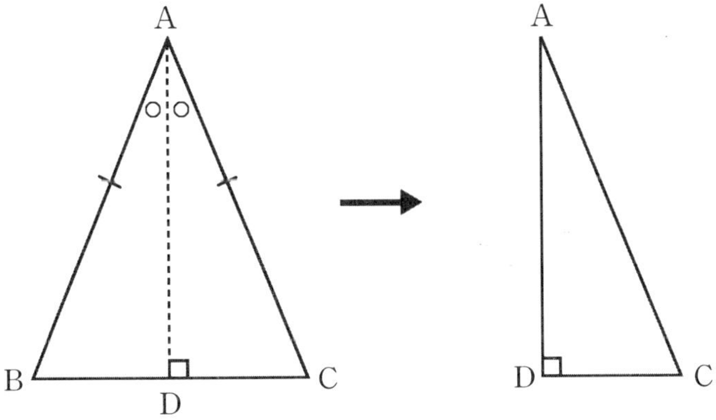

03 삼각형의 닮음과 관련된 성질

1 삼각형 DAG와 삼각형 CAE는 닮음입니다. $\frac{\overline{CD}}{\overline{AC}}$는 무엇과 같을까요?

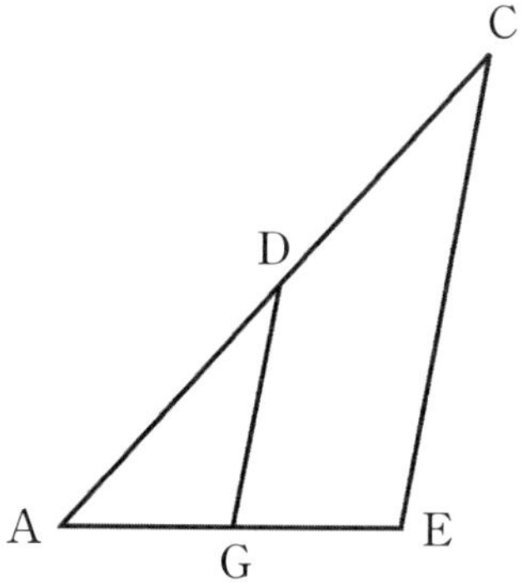

2 G는 무게중심입니다. 비 $\overline{AG}:\overline{GL}$, $\overline{BG}:\overline{GM}$, $\overline{CG}:\overline{GN}$은 각각 어떻게 될까요?

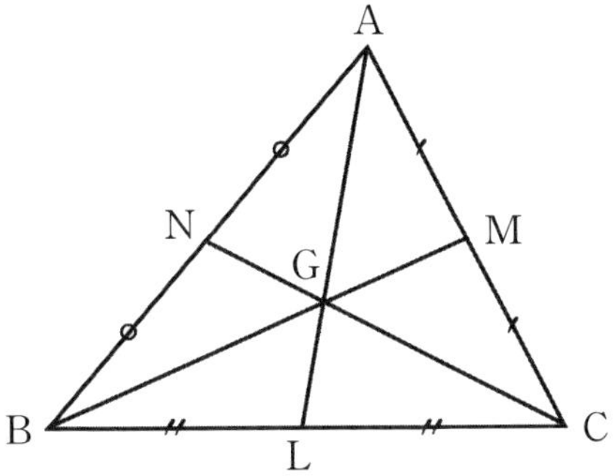

네 번째 수업

04 삼각형의 넓이

1 다음 직사각형의 넓이를 구해 보세요. 그리고 그 직사각형을 이등분한 직각삼각형의 넓이도 구해 보세요.

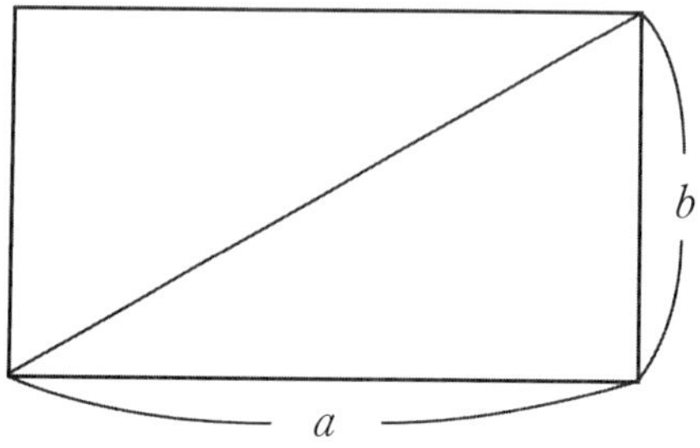

2 세 변의 길이가 3, 4, 5인 삼각형이 있습니다. 이 삼각형의 넓이는 얼마일까요?

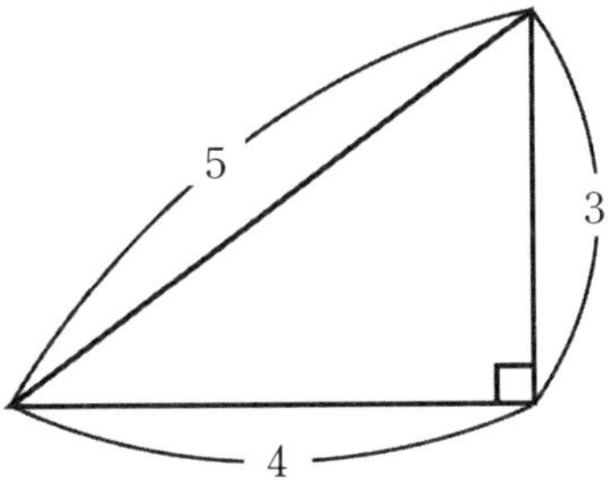

POINT

삼각형의 넓이는 밑변의 길이와 높이의 곱을 2로 나눈 값입니다.

05 피타고라스의 정리

1 다음 그림을 참고로 피타고라스의 정리를 설명해 보세요.

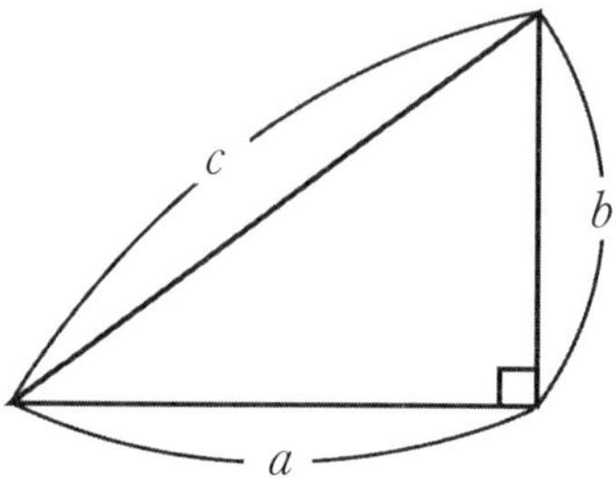

2 빗변이 아닌 변의 길이가 a인 직각이등변삼각형의 빗변의 길이는 얼마일까요?

3 빈칸에 알맞은 말을 넣으세요.

예각삼각형에서 가장 긴 변의 길이의 제곱은 다른 두 변의 길이의 제곱의 합보다 (　　　　　).

둔각삼각형에서 가장 긴 변의 길이의 제곱은 다른 두 변의 길이의 제곱의 합보다 (　　　　　).

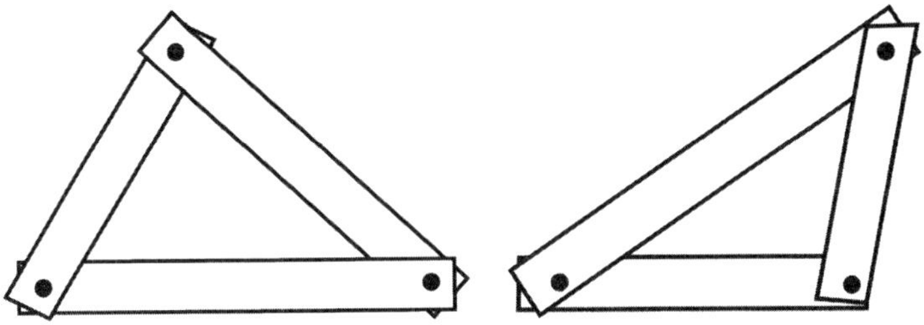

일곱 번째 수업

07 피타고라스의 정리 활용

1 삼각형 ABC의 넓이를 구해 보세요.

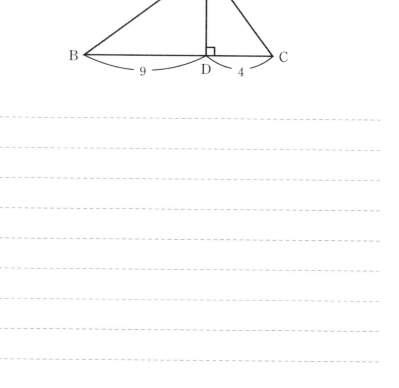

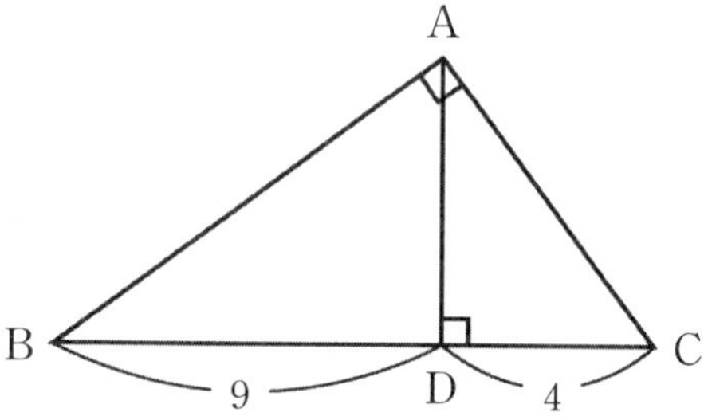

08 피타고라스의 정리와 입체도형

1 다음 그림을 보고, $\overline{DF}$의 길이를 구하세요.

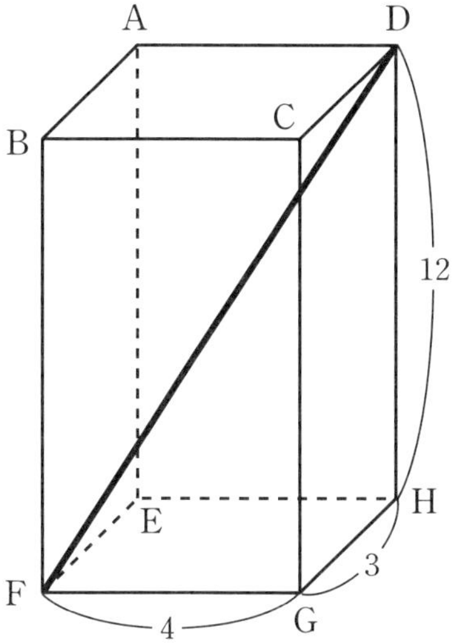

마지막 수업

09 가장 짧은 거리

1 A에서 벽의 한점에 부딪친 후 B로 가는 가장 짧은 거리를 구하려고 합니다. 값을 구하는 과정을 그림과 함께 설명하세요.

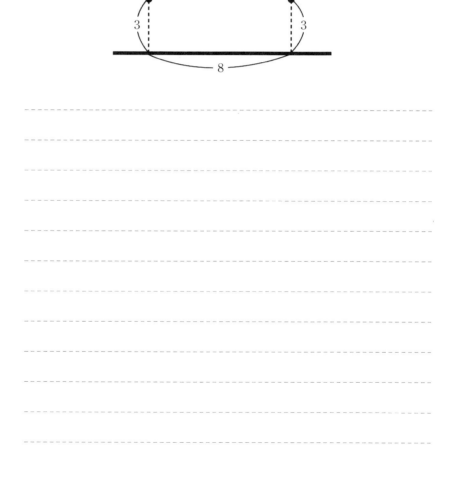

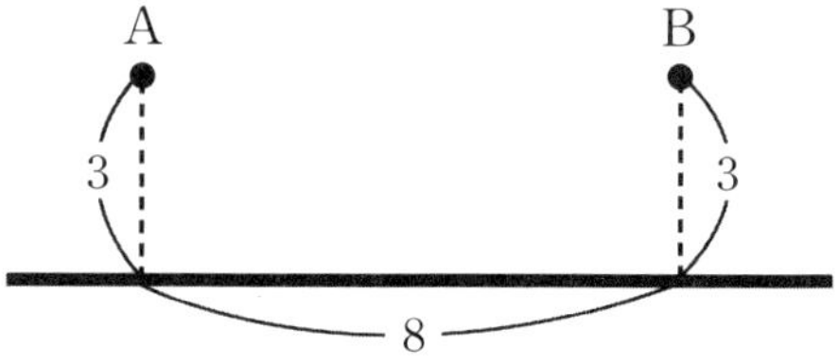

047

로렌츠가 들려주는 **야생 거위** 이야기

$pV=nRT$

$W=F\cdot s$

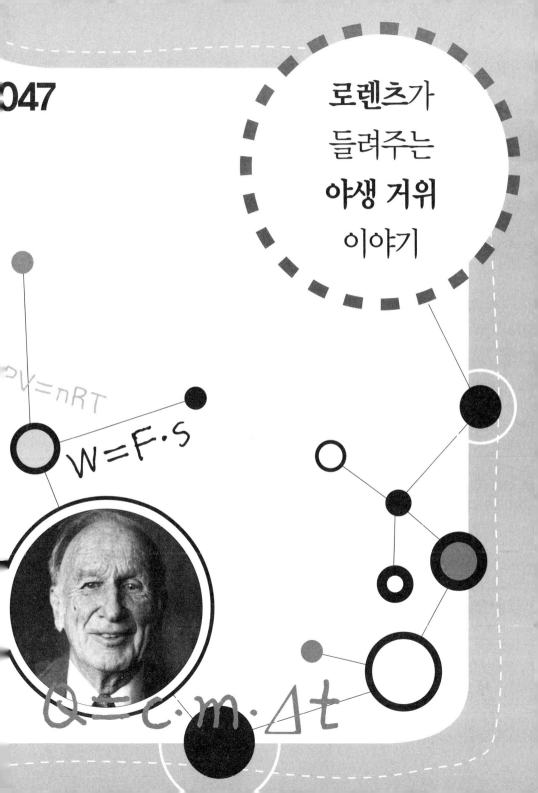

$Q=c\cdot m\cdot \Delta t$

첫 번째 수업

01 야생 거위는 언제부터 어미를 알아볼까?

1 야생 거위에게는 부화에만 사용하는 '난치'라는 이빨이 있는데 이것은 어떤 역할을 하나요?

POINT

야생 거위는 태어나서 16~17시간 내에 각인이 일어납니다. 가능하면 각인이 일어나는 시기에는 주변에 다른 사람이나 동물들이 없어야 합니다.

2 새끼 거위가 알에서 깨어나 고개를 들기 시작하면 절대로 소리를 내거나 움직이면 안 됩니다. 왜 그럴까요?

3 새끼 거위가 여러분에게 각인된다면 어떻게 할지 생각해 보세요.

02 새끼 거위 건강하게 돌보기

1 야생 거위는 털이 보송보송해야 물에 가라앉지 않고 다닐 수 있습니다. 새끼 거위의 털을 보송보송하게 유지하기 위해서 어미 거위는 어떤 일을 해 주나요?

2 사람에게 각인된 거위라도 자신과 같은 종류인 거위와 함께 있어야 하는 이유는 무엇인가요? 거위가 가진 본성만으로는 안 되나요?

POINT

야생 거위 새끼들은 어미에게서 여러 가지를 배워야 합니다. 그런 과정을 우리는 '학습'이라고 합니다. 예를 들어 먹이를 쪼는 것은 본능이지만 어떤 먹이를 먹어야 하는지는 배워야 합니다.

세 번째 수업

03 새끼 거위의 비행 연습

1 새끼 거위는 본능적으로 나는 법을 압니다. 하지만 어미 거위는 처음부터 새끼 거위가 혼자 날도록 허락하지 않습니다. 왜 그런가요?

POINT

하늘에서 방향 감각과 고도를 구별하는 능력, 바람의 상황을 파악해서 새로운 바람에 대처하는 능력은 새끼 거위들이 어미에게서 열심히 배워야 하는 능력입니다.

네 번째 수업

04 왜 야생 거위를 연구하나요?

1 야생 거위를 보면 사람과 공통점이 많다는 생각이 듭니다. 어떤 공통점이 있는지 찾아보세요.

2 야생 거위를 비롯한 동물의 생태를 관찰할 때 우리가 주의해야 할 점에는 무엇이 있을까요?

POINT

동물들을 객관적이고 순수한 눈으로 관찰하면 마치 동물들과 대화할 수 있는 것처럼 느껴집니다.

다섯 번째 수업

05 거위들의 사랑 이야기

1 암컷 거위와 수컷 거위가 함께 노래하는 모습은 언제 볼 수 있나요?

2 사람들도 사랑하다가 헤어지는 일이 많습니다. 이런 우리의 모습에 비춰 봤을 때, 야생 거위의 사랑 얘기를 보면서 어떤 생각이 들었나요?

POINT

야생 거위에게도 사랑은 한 번에 쉽게 얻어질 수 있는 것이 아닙니다. 그래서일까요? 수컷 거위와 암컷 거위는 한 번 인연을 맺으면 죽을 때까지 함께한답니다.

여섯 번째 수업

06 야생 거위는 언제 화를 낼까?

1 야생 거위가 싸우는 가장 큰 이유는 무엇인가요?

POINT

야생 거위들이 싸우게 되는 가장 큰 이유는 야생 거위 사회가 철저한 계급 사회라는 특성과 관련이 깊습니다.

2 거위들 사이에 한 번 정해진 서열은 바뀌지 않나요?

3 인간 사회에서도 동물의 세계에서 볼 수 있는 서열이 존재하나요? 인간 사회에서 야생 거위와 같은 방식으로 서열을 정한다면 어떻게 될까요?

일곱 번째 수업

07 야생 거위들의 대화 방법

1 야생 거위들은 어떻게 자신의 의사 표현을 하나요?

POINT

자신의 생각을 표현하는 방법에는 말 외에 어떤 것들이 더 있을지 생각해 보세요.

08 야생 거위의 길 찾기

1 야생 거위가 남쪽으로 이동하는 이유는 무엇인가요?

POINT

야생 거위는 추운 겨울이 되면 따뜻한 남쪽으로 이동합니다.

2 철새들이 V자를 이루며 날아가는 이유는 무엇인가요?

마지막 수업

09 동물 행동학이란?

1 동물 행동학은 동물의 행동을 연구하는 학문입니다. 왜 우리는 동물의 행동에 대해서 알아야 할까요?

POINT

동물 행동학은 동물 행동의 특성, 의미, 진화 등을 비교 · 연구하여 동물들과 대화하는 방법을 잊어버린 우리가 동물들과 대화를 시도하기 위한 학문입니다.

048

윌슨이 들려주는 **판 구조론** 이야기

PV=nRT

W=F·s

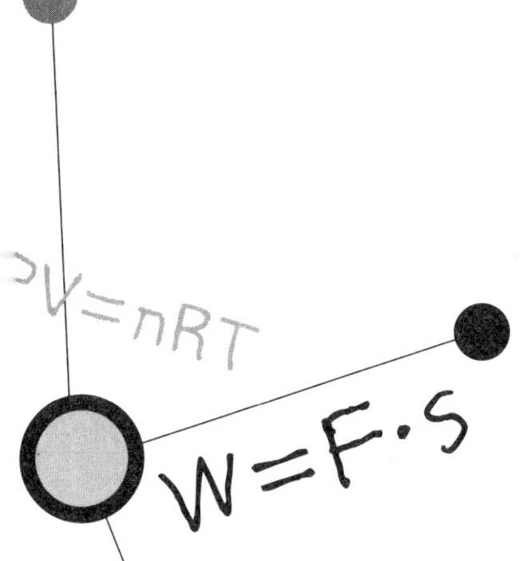

Q=c·m·Δt

첫 번째 수업

01 지구 속은 어떻게 생겼나요?

1 다음 그림은 지구 내부 단면 모습입니다. 각각 알맞은 명칭을 쓰세요.

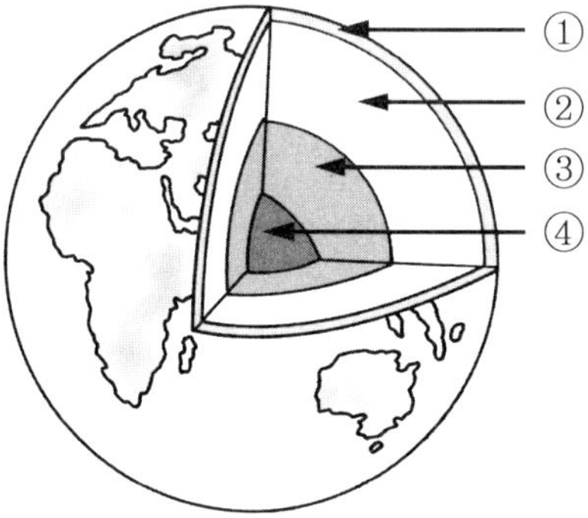

POINT

지구의 내부는 지각, 맨틀, 외핵, 내핵으로 이루어져 있습니다. 지각은 우리가 살고 있는 지표를 포함하는 개념이며 맨틀은 지각 밑에 있습니다. 맨틀은 지각보다는 더 무거운 물질로 되어 있습니다. 그래서 지각은 맨틀 위에 떠 있는 것입니다.

2 핵은 외핵과 내핵으로 나뉘어집니다. 이 둘의 가장 큰 차이점은 무엇인지 적어 보세요.

두 번째 수업

02 지구 표면을 나눠요

1 지구에는 7개의 커다란 대륙이 있습니다. 각 대륙의 이름을 써 보세요.

2 이웃 나라 일본은 지진 때문에 많은 피해를 입고 있습니다. 지진으로부터 안전하다고 믿어 왔던 우리나라도 지진에 대비해 재난 훈련을 해야 한다는 얘기도 있습니다. 지진이 일어나면 어떤 일이 벌어질까요?

POINT

지구 표면은 대륙 지각과 해양 지각으로 나뉩니다. 그리고 이것들은 조금씩 이동하면서 부딪치기도 합니다. 지각을 '판'이라고 부르는 이유가 여기 있습니다. 이러한 판의 이동으로 인해 산맥이 생기기도 하고, 지진이 발생하기도 합니다.

세 번째 수업

03 판들이 서로 인사해요

1 지구 표면을 이루고 있는 커다란 수십 개의 판들은 제각기 움직이는 방향과 속도가 다릅니다. 그중 두 판이 멀어지는 경계는 무엇인지 써 보세요.

2 히말라야 산맥은 어떻게 만들어졌을까요? 그 과정을 설명해 보세요.

POINT

판들은 움직이는 방향과 속도가 제각각이라 그 경계에는 여러 가지 현상이 일어납니다. 두 판이 서로 가까워지는 경계를 수렴 경계, 멀어지는 경계를 발산 경계라고 합니다.

네 번째 수업

04 밤새 오렌지 나무가 어긋났네요

1 그림의 짙은 선은 '산안드레아스 단층' 이라고 부르는 지구에서 가장 긴 단층 중 하나랍니다. 단층이란 무엇을 말하는 것인지 써 보세요.

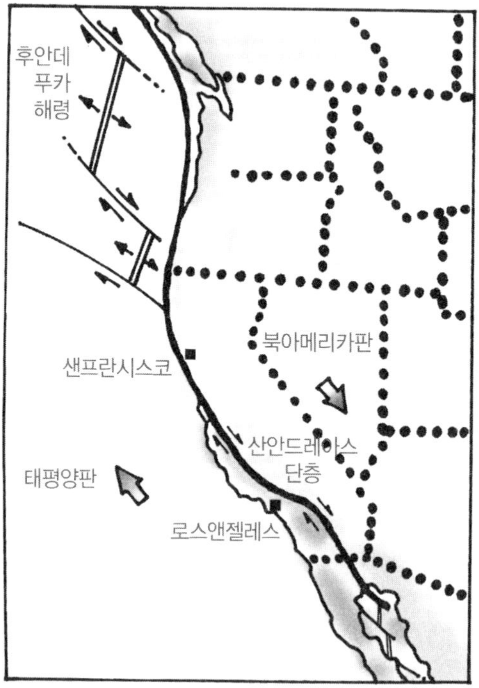

다섯 번째 수업

05 판은 왜 움직이나요?

판이 움직이는 것은 판 아래에서 어떤 현상이 일어나기 때문인지 써 보세요.

POINT

판들은 대류하고, 그 위의 판은 맨틀의 흐름을 타고 이동합니다. 그 과정에서 생기는 판의 무게와 해저 높이의 변화 등이 어우러져 판을 이동시키는 힘이 만들어집니다.

06 땅이 흔들리고 화산이 폭발해요

1 히말라야는 습곡 산맥입니다. 습곡이란 무엇인지 설명해 보세요.

2 해양판이 침강하면 다른 해양판과 부딪치는데 여기에서 일어나는 2가지 현상은 무엇인지 써 보세요.

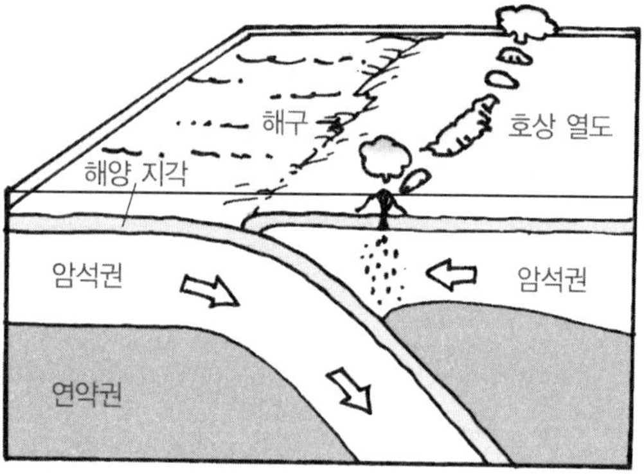

해양판-해양판의 섭입형 경계

3 지진은 발생하는 깊이에 따라 3가지로 나뉩니다. 지진의 종류를 써 보세요.

P OINT

두 판이 서로 접근하는 경계에는 거대한 산맥이 생겨납니다. 히말라야 산맥은 인도판과 유라시아판의 충돌로 생겼으며, 알프스 산맥은 북상하던 아프리카판과 유라시아판 사이에 만들어진 충돌의 경계입니다.

일곱 번째 수업

07 아프리카가 갈라져요

1 열곡이란 어떤 곳을 말하는지 설명해 보세요.

2 일본과 한국은 약 2,000만 년 전까지 어떤 모습이었나요? 또 그때의 모습과 달라진 이유가 무엇인지 설명해 보세요.

③ 어느 일본 학자가 예상한 5,000만 년 후의 한국 주변 모습입니다. 지도처럼 바뀌면 장점과 단점은 무엇일까요? 상상해 보세요.

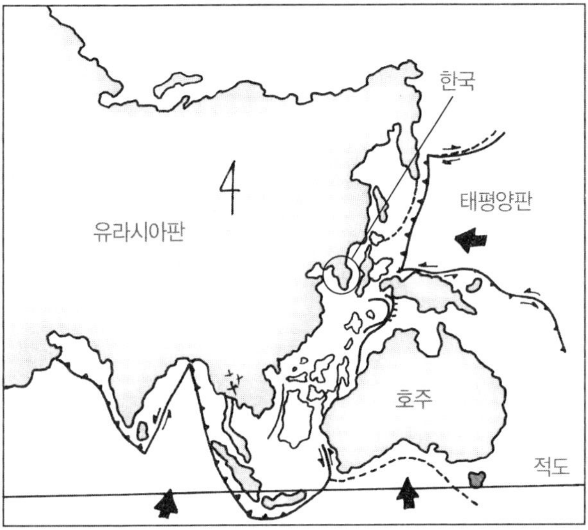

POINT

마다가스카르는 아프리카의 동쪽에 위치한 커다란 섬이지만 아주 옛날에 아프리카에 붙어 있던 대륙의 땅이었습니다. 대륙이었던 마다가스카르가 섬이 된 것은 대륙의 이동이 있었기 때문입니다. 대륙은 계속 이동해 5천만 년 후에는 지금과 다른 모습을 보게 될 것입니다.

마지막 수업

09 지구의 심장이 뛰어요

1 P파와 S파의 차이점은 무엇인지 써 보세요.

2 지구 내부 물질의 밀도가 크고 단단할수록 P파의 속도는 커집니다. 다만 맨틀을 지나 외핵에 이르면 P파의 속도는 줄어드는데 그 이유는 무엇일까요?

POINT

지구 내부를 알기 위해서는 지진파가 필요합니다. 지구 내부 깊은 곳까지 사람이 들어갈 수 없기 때문입니다. 지진파에는 P파와 S파가 있어 지구 내부에 어떤 물질들이 있는지, 그 물질들의 성질이 어떤지를 알 수 있습니다.

049

플레밍이 들려주는 **페니실린** 이야기

$PV=nRT$

$W=F\cdot s$

$Q=c\cdot m\cdot \Delta t$

첫 번째 수업

01 사람에게 왜 병이 생기는 것일까요?

1 옛날 사람들은 병이 나면 귀신이 붙어서 그렇다고 생각했습니다. 그러나 과학을 배운 우린 왜 그런지 설명할 수 있습니다. 왜 병이 나는지 설명해 보세요.

2 예방 접종은 왜 해야 하나요?

POINT

파스퇴르는 세균이라는 것이 우리 눈에 보이지도 않고, 우리 몸속에 침입하여 번식하면서 병을 일으킨다는 것을 최초로 밝히는 위대한 업적을 이루었습니다. 또 병에 대한 합리적인 치료법의 개발과 미생물의 침입을 막는 데 필요한 이론적인 근거를 제시했습니다.

두 번째 수업

02 세균이란 무엇일까요?

1 미생물이 항상 병을 유발하는 것만은 아닙니다. 술, 간장, 김치, 치즈 등처럼 발효를 일으키는 미생물도 있습니다. 이들은 우리에게 어떤 이로움을 주나요?

POINT

미생물을 관찰하기 위해서는 우선 현미경으로 확대해서 보거나, 세균을 염색해서 관찰하거나, 인공 배양법으로 많은 양의 미생물을 배양해서 관찰할 수 있습니다.

세 번째 수업

03 곰팡이는 무엇일까요?

1 효모균의 세포 기본 골격에는 세균에는 없는 것들이 있습니다. 어떤 것인가요?

2 곰팡이가 좋아하는 환경은 어떤 환경인지, 곰팡이가 생기지 않게 하기 위해 우리가 할 일을 알아보세요.

POINT

지구상에는 9만 종류의 진균이 있습니다. 이들은 사람을 이롭게도, 해롭게도 합니다. 또한 진균류는 생태계에서 중요한 분해자 역할을 하여 죽은 생물체를 분해해 많은 탄소, 질소, 인 등을 다른 생물체가 이용하도록 해 줍니다.

네 번째 수업

04 페니실린의 발견

1 우연히 발견한 페니실린을 처음으로 사람에게 적용하였을 때 어떤 결과를 얻을 수 있었나요?

POINT

플레밍은 배양 접시에서 포도상 구균들이 녹아서 마치 이슬방울처럼 보이는 현상을 우연히 발견하게 됩니다. 플레밍은 그 현상을 통해 어떤 것이 한천을 통해 퍼져 균체를 파괴하고 있는 것으로 보았습니다. 그것이 바로 페니실린 개발의 시초였습니다.

다섯 번째 수업

05 다시 기적을 보인 페니실린

페니실린에 대한 연구 논문 자료가 발표되었는데도 과학자나 제약 회사가 적극적인 연구 개발을 하려 하지 않았던 이유는 무엇인가요?

POINT

플로리 박사는 체인 박사와 함께 12년간이나 냉장고에서 잠자던 곰팡이를 다시 살려 냈습니다. 전쟁 중에도 두 사람은 끊임없이 연구해서 드디어 정제에 성공한 것입니다. 하지만 대량으로 정제하기에는 어려움이 있었습니다.

여섯 번째 수업

06 페니실린의 대량 생산을 위하여

1 전 세계 대부분의 페니실린 생산에 쓰이는 균주가 된 균종은 누가 어디에서 발견한 것인가요?

2 화학 반응을 보기 위해 과학자들은 흔히 쥐를 이용하는데, 자신이 새로 개발된 약품의 최초 대상이라면 이 실험에 응할 수 있나요? 자신의 생각을 적어 보세요.

POINT

전쟁으로 인해 페니실린에 대한 사람들의 생각이 변했습니다. 많은 제약 회사들이 페니실린 생산에 참가하기 시작했고, 대규모로 생산되기 시작한 것입니다.

일곱 번째 수업

07 페니실린이 바꾸어 놓은 세상

1 페니실린은 화학자들에 의해 만들어졌다기보다 자연에서 발견된 것이라고 할 수 있습니다. 그 이유는 무엇인가요?

POINT

오늘날의 제약 회사들은 세계 각처에서 모아 온 토양, 먼지, 균에서 새로운 유용한 항생 물질을 찾기 위해 노력합니다. 또한 영국에서는 페니실린의 합성 방법으로 세팔로스포린이라는 항생제를 만들었습니다.

2 무차별적 항생제 사용은 인류에게 어떤 위험을 가져다 줄까요?

여덟 번째 수업

08 모두가 좋아하는 항생제

1 자주 약을 복용하게 되면 나중에는 약 효과가 떨어지는 이유는 무엇인가요?

POINT

체인과 연구진은 페니실린 분자를 생산할 수 있게 되었습니다. 그래서 수천 종류의 페니실린을 마음대로 만들 수 있는 분자를 가질 수 있게 되었으며, 이를 이용하여 그람 양성균이든 음성균이든 또는 내성균이라도 적용할 수 있는 페니실린 항생제를 만들 수 있게 된 것입니다.

마지막 수업

09 또 다른 기적의 약을 기다리며

1 약이란 자주 먹게 되면 내성이 생겨 점점 더 강한 처방이 필요하게 됩니다. 그렇다면 계속 새로운 약만을 개발하는 것이 바람직한가요? 아니면 다른 방법이 있을까요? 여러분의 생각을 적어 보세요.

POINT

질병을 일으키는 미생물 중 바이러스는 아직까지 항바이러스 제제가 개발된 것이 없습니다. 한번 감염되면 질병이 치명적이고, 지속적으로 질환을 일으키거나 질병을 일으키는 병원성으로 다른 사람에게 전염시킬 수 있는 잠재력이 큽니다.

050

튜링이 들려주는 암호 이야기

$PV=nRT$

$W=F \cdot s$

$Q=c \cdot m \cdot \Delta t$

첫 번째 수업

01 튜링을 만나다

1 자기만 알 수 있는 암호를 넣어 문장을 써 보세요. 가장 친한 친구와 암호문을 쓴 편지를 주고받는 일도 아주 재미있겠죠? 더 이상 열쇠 달린 비밀 일기장은 필요 없을 거예요.

2 암호라 하면 메시지 변형 방식(메시지의 의미 감추기)과 관련된 것만을 뜻합니다. 이 방식을 무엇이라고 부를까요?

두 번째 수업

02 스테가노그래피

1. 삼차방정식의 일반 해법 논쟁으로 유명한 카르다노는 격자 판을 이용하여 메시지를 숨겼습니다. 카르다노의 격자 판은 16~17세기의 많은 국가에서 외교 문서를 작성하는 데 사용되었습니다. 이 방식을 무엇이라고 부를까요?

2. 우리 생활 속에서 찾아볼 수 있는 것과 사료로 확인할 수 있는 스테가노그래피의 예를 들어 봅시다.

3 스테가노그래피의 장점을 적어 봅시다.

세 번째 수업

03 크립토그래피 1: 전위

1 크립토그래피는 2가지 방식으로 나뉩니다. 전위 방식과 대체 방식인데 둘은 어떻게 다른가요?

2 사이테일을 만들어 친구와 암호를 교환해 보세요. 다음 평문은 어떨까요?

친구야 사랑해

POINT

사이테일이란 기원전 5세기경 고대 그리스인들이 사용한 암호 방식으로, 긴 막대에 나선 방향으로 양피지를 감아 막대의 골 방향으로 평문을 써 놓은 뒤, 감았던 양피지를 풀어 암호문으로 사용한 것입니다.

네 번째 수업

04 크립토그래피 2: 대체/코드와 사이퍼

1 크립토그래피 중 대체 방식은 2가지로 나뉩니다. 무엇과 무엇이며 어떤 차이가 있는지 설명해 보세요.

2 시저의 사이퍼는 현대 암호학에서도 중요하게 여기는 핵심적 요소 2가지를 포함하고 있습니다. 무엇일까요?

3 비즈네르 암호는 복합 대체 사이퍼이지만 열쇠말의 철자 수를 알면 해독이 가능합니다. 암호문의 특정 철자 군이 반복되기까지의 철자 수를 시퀀스라고 합니다. 예를 들어 어떤 철자 군이 20이라는 시퀀스를 가지면 열쇠말 철자 수를 구할 수 있어요. 그런데 만약 열쇠말이 아주 길다면 절대 보안성을 얻을 수 있을까요?

다섯 번째 수업

05 크립토그래피 3: 대체/코드 보충

1 종교는 암호의 발달을 이끌었습니다. 800년에서 1200년 사이에는 이슬람 학자들이, 이후 르네상스를 거쳐 근대에 이르기까지는 기독교 수도사들이 암호 연구에 몰입했어요. 왜 그랬을까요?

2 모스 부호 전송은 2가지 요구 사항을 낳았습니다. 2가지 사항을 적고 그 이유를 설명해 보세요.

여섯 번째 수업

06 기계 암호, 에니그마

1 제1차 세계 대전이 끝날 무렵 복합 대체 사이퍼인 에니그마가 등장합니다. 암호의 역사에서 에니그마의 의의에 대해 설명해 보세요.

2 에니그마에서 배전반은 어떤 기능을 하였나요?

일곱 번째 수업

07 에니그마의 해독

1 배전반이 있기 때문에 오히려 스크램블러가 더욱 필요하답니다. 스크램블의 역할과 그 목적은 무엇인가요?

2 튜링은 최적의 크립 루프를 전기 회로의 루프와 동일하게 만들었습니다. 반복되는 메시지 키 전송 중단에 대비한 것입니다. 그리고 여기에 여러 대의 기계를 맞물려 세팅합니다. 무엇 때문일까요?

3 암호학이 수학 이론에 바탕을 두기 시작하면서 순수 수학적인 현대 암호 형태 개념이 출현합니다. 이것에 대해 설명해 봅시다.

마지막 수업

08 현대 암호 둘러보기

1 블록 암호와 스트림 암호가 공통으로 가지고 있는 치명적 한계는 무엇일까요?

2 양자 컴퓨터로 구현될 정보 통신 관련 특성을 적어 보세요.

memo

memo

memo

memo

memo

문제 풀이

041권 | 폴링이 들려주는 화학 결합 이야기

01 첫 번째 수업

1 화학 결합이란 원자들이 헤쳐 모여서, 전혀 새로운 성질을 가지는 분자를 만드는 것입니다.

2 원자의 종류에 따라 원자가전자 수가 다르기 때문입니다.

02 두 번째 수업

1 물 분자는 산소 원자와 수소 원자가 서로 전자쌍을 나누어 가지는 결합으로 만들어진 분자입니다. 이때 산소 원자와 수소 원자 간에는 전자쌍을 잡아당기는 힘겨루기가 벌어집니다. 산소 원자는 수소 원자보다 분자 내에서 전자를 끌어당기는 힘이 더 셉니다. 그래서 산소 원자 쪽으로 전자쌍이 조금 더 많이 끌려오게 됩니다. 그 결과 산소 원자 쪽에는 음의 전기가 생기고, 수소 원자 쪽에는 양의 전기가 생기게 됩니다.

2 고체 상태의 염화나트륨 결정에서 나트륨 이온과 염화 이온은 꼼짝도 하지 못한 채 제자리를 지키고 있어야 합니다. 양이온인 나트륨 이온 주변에는 음이온인 염화 이온이 둘러싸고 있으며, 염화 이온 주변에는 나트륨 이온이 둘러싸고 있기 때문입니다.

03 세 번째 수업

1 분자 내에 부분 전기를 띠지 않는 공통점이 있습니다. 그리고 분자 모양이 대칭 구조를 하고 있습니다.

04 네 번째 수업

1 수소 원자와 산소 원자가 서로 원자가전자를 내놓고 전자쌍을 함께 공유하면서 물 분자가 만들어 집니다.

05 다섯 번째 수업

1 원자 성질은 양성자 수에 따라 결정됩니다. 중성인 원자가 전자를 잃거나 얻으면 이온이 됩니다.

2 공유 전자쌍이 중앙에 있으면 무극성 분자가 됩니다. 공유 전자쌍이 어느 한쪽으로 치우치면 극성 분자가 됩니다.

3 전기 음성도가 큰 원자가 공유 전자쌍을 더

많이 끌어당겨서 부분적으로 음의 전기를 띕니다.

4 분자 모양이 대칭이면 무극성 분자, 대칭이 아니면 극성 분자입니다.

06 여섯 번째 수업

1 나트륨 이온과 염화 이온이 차곡차곡 쌓여 있어서 공기 중의 산소와 화학적으로 결합하기 어렵기 때문입니다.

07 일곱 번째 수업

1 자유 전자에 떠 있는 금속 이온들이 원래의 배열을 지키지 못하고 위치를 바꾸기 때문입니다.

08 마지막 수업

1 전자의 에너지 상태에 따라 오비탈의 모양이 달라지기 때문입니다. 원자핵에 가깝게 있는 전자는 에너지가 낮고 원자핵에서 멀리 있는 전자는 에너지가 높습니다. 에너지 상태가 서로 다른 전자들은 서로 다른 모양의 오비탈에 속해 있습니다.

042권 에딩턴이 들려주는 중력 이야기

01 첫 번째 수업

1 지구가 잡아당기는 힘 즉 중력 때문입니다. 중력은 지구와 물체 사이의 만유인력과 지구의 자전에 의한 원심력을 합한 힘입니다.

02 두 번째 수업

1 두 공이 동시에 떨어졌습니다. 동시에 낙하하면 무게와 상관없이 동시에 떨어지기 때문입니다.

2 아리스토텔레스에 의하면 무게만큼 속력이 증가하므로, 무게가 사전의 3배인 벽돌이 사전보다 3배 빠른 속도로 먼저 떨어질 것입니다. 하지만 중력 가속도는 무게와 상관없으므로 같은 곳에서 동시에 떨어뜨리면 동시에 도착합니다.

03 세 번째 수업

1 지상으로부터 높을수록 중력은 약해지고, 지상으로부터 낮을수록 중력은 강해집니다.

2 두 물체 사이에 작용하는 힘은 두 물체의 질량의 곱에 비례하고 거리의 제곱에 반비례합니다.

04 네 번째 수업

1 뉴턴의 중력 법칙대로라면 태양계 속 행성은 서로 잡아당겨야 합니다. 태양계 행성은 이렇게 힘을 주고받으며 서로 팽팽히 균형을 이루고 있다고 생각했기 때문입니다. 그런데 연구 결과 뉴턴의 중력 법칙과는 다른 결과가 나왔고, 이를 뉴턴은 아직 발견되지 않은 미지의 행성이 태양계 어딘가에 있어 태양계의 팽팽한 균형을 깨뜨렸다고 확신했습니다.

05 다섯 번째 수업

1 우주선을 가속시키면 중력이 생기기 때문입니다.

2 등가 원리 : 우주선의 가속은 (관성력)을 야기하고, 그렇게 생긴 (관성력)은 다시 동등한 세기의 (중력)으로 이어집니다. 그러므로 '가속도＝관성력＝중력' 이라는 등가 원리가 성립합니다.

06 여섯 번째 수업

1 지구와 태양 사이에 작용하는 중력이라는 게 어색하게 생각됐습니다. 붙들어 매려면 둘 사이를 연결시켜 주는 게 있어야 하거든요. 하지만 태양과 지구 사이엔 연결된 것이 아무것도 없습니다. 그래서 아인슈타인은 태양과 지구가 중력으로 서로 끌어당기는 건 좀 맞지 않다고 생각한 것입니다.

2 중력이 공간을 휘게 한다고 생각했습니다. 그 휘어진 공간을 따라 지구가 공전한다고 생각했습니다.

3 중력이 공간을 휘게 한다는 아인슈타인의 이론이 이것으로 입증되었습니다.

4 제목에 이미 글의 방향이 나와 있네요. 기사문 작성의 육하원칙(언제, 어디서, 누가, 어떻게, 무엇을, 왜)에 따라 잘 작성해 보세요.

07 일곱 번째 수업

1 태양과 비슷한 질량을 가졌으면서도 크기는 지구 정도에 지나지 않습니다. 그래서 중력의 세기가 태양의 수만 배에 이릅니다.

2 중력이 굉장히 강한 천체가 지구와 별 사이에 위치할 경우, 그 천체의 중력으로 모든 별빛이 휘면 아인슈타인의 고리를 볼 수 있

답니다.

08 마지막 수업

1 블랙홀은 자기 주변의 모든 것은 다 빨아들입니다. 중력이 매우 강해서 빛은 말할 것도 없고 시간도 멈춥니다.

2 블랙홀은 빛이 들어가는 천체이므로, 빛이 나오는 천체도 있어야 합니다. 그래서 블랙홀과 대칭되는 천체를 '화이트홀' 이라 부르고, 그 둘을 연결하는 통로를 '웜홀' 이라고 부릅니다.

043권 뢰머가 들려주는 광속 이야기

01 첫 번째 수업

1 르네상스 시대까지 사람들은 빛의 속도를 구할 수 없었습니다. 또 눈을 감았다가 뜨면 이미 빛은 내 눈까지 옵니다. 빛이 굉장히 빠르다는 것을 입증해 준 것입니다. 먼 곳에서 오는 별빛이 내 눈까지 오는 시간이 거의 걸리지 않는다고 생각했습니다. 그래서 광속은 무한하다고 생각했던 것입니다.

02 두 번째 수업

1 아리스토텔레스는 이론적으로 접근했으며, 갈릴레이는 머릿속 생각을 실험으로 재차 검증했습니다.

2 ① 과학 이론이나 실험 하나만으로도 과학이 될 수 있습니다. – 과학 이론이나 실험 중 하나만으로도 과학이 될 수 있다고 생각합니다. 왜냐하면 실험을 할 수 없는 상황에서도 유추를 통해서 가설을 낼 수 있기 때문입니다. 머릿속으로 생각한 것도 과학이라고 할 수 있습니다.

② 과학 이론과 실험이 모두 있어야 과학입니다. - 이론이 없는 실험은 무의미합니다. 이론이 먼저든, 실험이 먼저든 두 가지 모두가 있어야 가능하다고 생각됩니다. 이론을 세우고 실험한 결과 이론이 틀릴 수도 있습니다. 하지만 실험을 하게 된 이유가 이론이었기 때문에 결국은 이론과 실험이 모두 필요한 것입니다.

03 세 번째 수업

1 거리와 시간에 문제가 있습니다. 빠른 빛을 잴 수 있는 거리가 지구에는 없습니다. 그래서 광속을 측정할 수 없는 것입니다.

2 빛이 너무 빨라서 지구에서 사용하는 단위로는 결과를 이끌어 낼 수 없습니다.

04 네 번째 수업

1 광년 단위로 거리를 재면 됩니다. 광년은 1년 동안 빛이 이동한 거리를 말합니다.

2 아인슈타인의 상대성 이론에 의해 광속은 변하지 않으며, 아직 빛의 속도 이상 빠른 것은 없습니다.

05 다섯 번째 수업

1 광속을 측정하기 위해 이오를 택한 것이 아니라, 목성의 위성인 이오를 관측하다가 광속을 측정했기 때문입니다.

2 갈릴레이는 자신이 평소에 관심을 두고 있던 천체를 관측하는 데 썼고, 다른 사람들은 멀리 떨어져 있는 물체를 관찰하는 것에 그쳤습니다. 똑같은 물체를 보면서도 어떻게 쓰느냐에 따라 다른 결과가 나올 수 있다는 것을 알 수 있습니다.

3 지구가 우주의 중심에 있고 그 주위로 모든 천체가 빙빙 돌고 있다는 지동설과는 반대로 목성의 위성 이오, 유로파, 가니메데, 칼리스토는 목성의 둘레를 공전하고 있다는 것이 밝혀졌기 때문입니다.

06 여섯 번째 수업

1 지구를 공전하는 천체는 다른 천체의 영향을 받지 않는데 이오가 사라졌다는 것은 지구 이외의 다른 천체를 돌고 있다는 것을 말합니다. 이것은 천동설이 옳지 않다는 명백한 증거입니다.

2 목성과 이오의 질량이 순간순간 달라지거나, 목성이 다른 천체로 대체되지 않는 이상

목성 둘레를 회전하는 이오의 공전 궤도는 바뀌지 않습니다.

07 일곱 번째 수업

1 ① 마이컬슨과 몰리

② 피조

③ 푸코

④ 맥스웰

2 빛의 본성, 즉 빛이 입자 같은 성격을 띠느냐, 파동 같은 성질을 띠느냐를 규명하기 위해 실험한 것입니다.

08 여덟 번째 수업

1 100년이 걸립니다. 결국 우리는 100년이 지난 후의 별빛을 보는 것입니다. 별과 지구의 거리가 멀면 멀수록 우리는 과거의 별을 보는 것입니다. 이것은 광속이 유한하기 때문에 생기는 것입니다.

2 별빛이 지구에 도착하는 시간은 엄청나게 많이 걸립니다. 그래서 별이 지구에 도착하면 이미 10억 년 또는 100년 정도가 흐른 것입니다. 그래서 별이 폭발 중인지, 이미 폭발해 버렸는지, 아예 사라져 버렸는지 알 길이 없는 것입니다. 멀리 떨어져 있는 별일수록 과거의 흔적을 더 많이 갖고 있습니다. 이것이 천체 물리학자들이 고성능 천체 망원경을 제작해서 가능하면 우주 맨 바깥쪽에 위치한 별들을 보려고 애쓰는 이유입니다.

09 아홉 번째 수업

1 과학적으로는 있을 수 없다고 합니다. 빛보다 빠른 입자를 '타키온'이라고 하는데 상상 속에 존재하는 물질입니다. 빛보다 빠르다면 움직임이 사람들 눈에 보이지 않을 것입니다. 또한 비가 와도 걱정할 것 없이 빗물 사이로 비를 맞지 않고 이동할 수 있을 것입니다.

10 마지막 수업

1 • 타키온이 실제로 있다면 좋을 것 같습니다. 시간의 흐름도 뒤바뀌 현재에서 과거로 갈 수 있거나 미래로 갈 수 있다는 말입니다. 그렇게 되면 돌아가신 할아버지, 할머니도 다시 만날 수 있습니다.

• 타키온이 있다면 이 세상은 뒤죽박죽 될 것입니다. 사람들은 자기 마음대로 미래를 바꿀 수도 있습니다. SF 영화에서 나오

는 것처럼 말입니다. 그래서 타키온이 있는 것이 오히려 나쁠 것 같습니다.

044권 볼츠만이 들려주는 열역학 이야기

01 첫 번째 수업

1 열량은 물질의 질량에 비례하고, 또한 온도 변화량에 비례한다는 것입니다.

2 철의 비열입니다.

3 햇빛을 받는 낮 동안 물은 비열이 커서 온도 상승 폭이 작고 모래는 비열이 작아 온도가 크게 높아집니다. 따라서 온도가 높은 모래 쪽의 공기는 뜨거워져서 위로 올라가고 그 빈 곳에 바다 쪽의 공기들이 밀려들어오게 되는데 이것이 바로 해풍입니다. 밤에는 비열이 큰 물은 온도가 조금 내려가고 비열이 작은 모래는 온도가 많이 내려갑니다. 이때는 바다 쪽의 공기가 뜨거워져서 위로 올라가고 그 빈 곳을 모래 쪽의 공기들이 채우므로 육풍이 불게 되는 것입니다.

02 두 번째 수업

1 뜨거운 물은 열을 방출하고 차가운 물은 그 열을 흡수합니다. 그리고 이때 뜨거운 물이 방출한 열량과 차가운 물이 흡수한 열량은

같습니다. 그래서 서로 다른 온도의 평균이 바로 섞은 후 물의 온도가 되는 것입니다.

03 세 번째 수업

1 뜨거워지면 분자들의 운동이 활발해지기 때문입니다. 뜨거울수록 분자들 사이의 거리가 멀어지기 때문에 분자로 이루어진 물질들은 길어지게 됩니다.

2 표면의 물의 온도가 내려가 4℃가 되면 무거워져서 호수 바닥으로 가라앉습니다. 이런 식으로 물의 온도가 4℃가 되면 밑으로 가라앉으므로 결국 모든 물은 4℃의 온도가 됩니다. 이후 호수 표면의 온도가 더 내려가면 얼음이 되죠. 얼음은 4℃의 물보다 가볍기 때문에 호수 표면 위에 뜨게 됩니다. 이렇게 호수 표면이 얼게 되면 얼음 아래의 물은 차가운 공기와 만나지 않기 때문에 4℃를 유지할 수 있습니나.

04 네 번째 수업

1 그릇에 물을 붓고 그릇 바닥을 가열하면 바닥 쪽의 물이 뜨거워지면서 부피가 커집니다. 따라서 밀도가 작아져 위로 올라갑니다. 뜨거운 물은 위로 올라가고, 위에 있던 차가운 물과 충돌하면서 열을 잃고 다시 무거워져서 아래로 내려옵니다. 그러나 뜨거운 물로부터 열을 받은 위쪽의 차가운 물은 온도가 올라가므로 가벼워져서 위로 올라갑니다. 물론 이 물도 더 위쪽의 차가운 물과 충돌하면서 열을 잃고 다시 무거워져서 가라앉습니다. 이것이 반복되는 것입니다.

2 검은색은 태양에서 오는 빛을 잘 흡수하고, 흰색은 잘 반사시키기 때문입니다.

05 다섯 번째 수업

1 고체에 열을 공급하면 액체가 되는데, 그것을 융해라고 합니다. 응고는 액체를 고체로 만드는 과정입니다.

2 물통을 감싼 물수건에는 수많은 물방울들이 있습니다. 이 물방울들이 증발하게 되면 수건은 차가워집니다. 그러므로 차가워진 수건과 접촉해 있는 물통 속의 물이 차갑게 유지될 수 있습니다.

3 기체가 열을 빼앗겨 액체로 되는 과정을 응축이라고 합니다. 액체 상태를 거치지 않고 고체에서 기체로 또는 기체에서 고체로 변하는 현상을 승화라고 합니다.

06 여섯 번째 수업

1 주전자에 공급한 열에너지는 물의 온도를 높이는 것에도 사용되었지만, 뚜껑을 위로 올리는 것에도 사용되었습니다. 즉 물이나 주전자의 온도가 올라간 것은 물의 내부 에너지가 증가했음을 의미하며 또한 뚜껑을 올라가게 하는 것은 주전자가 한 일입니다.

07 일곱 번째 수업

1 엔트로피입니다. 엔트로피는 '~로 변하다'라는 뜻을 가진 그리스 어 '엔트로페'에서 나온 말입니다.

08 여덟 번째 수업

1 물의 온도는 50℃가 됩니다. 이렇게 찬물과 더운물이 섞였을 때 엔트로피가 제일 커지게 됩니다. 그러므로 물을 섞으면 이 온도가 될 때까지 반응이 일어납니다. 그렇게 해서 온도가 50℃가 되면 엔트로피는 최대가 되어 더 이상 증가하지 않고 반응도 더 이상 진행되지 않습니다.

09 마지막 수업

1 잉크와 물 분자를 분리할 수 있습니다. 한 방울의 잉크를 꺼내기만 하면 우리는 다시 깨끗한 물을 얻을 수도 있습니다.

045권	코페르니쿠스가 들려주는 지동설 이야기

01~02 첫 번째 수업~두 번째 수업

1 우주의 중심에 지구가 있고, 모든 천체가 지구의 둘레를 돈다는 설입니다.

2 수의 원리나 식을 사용하여 자연이나 천체 현상을 증명하기 시작했습니다.

3 지구가 네모라는 생각은 종교적 입장에 근거한 것입니다. 그리고 지구가 둥글다는 입장의 근거로는 수평선을 보면 윗부분부터 보인다거나 월식 때 달에 만들어지는 지구의 그림자 모양 등을 들 수 있습니다.

4 ①○ ②× ③○ ④× ⑤○

03 세 번째 수업

1 에라토스테네스가 구한 지구의 둘레는 25만 스타드입니다. 1스타드를 185m로 하면 지구의 둘레는 4만 6,250km가 되고 1스타드를 157m로 하면 지구의 둘레는 3만 9,250km가 됩니다. 지구의 지름은 1만 2,700km입니다.

04 네 번째 수업

1 인간이 특별한 존재이듯 지구도 다른 천체보다 특별하다고 생각했기 때문입니다. 또 지구가 실제로 운동을 하고 있다는 증명을 할 근거가 없었습니다.

05 다섯 번째 수업

1 행성의 밝기가 어떤 때는 밝아 보이고, 어떤 때는 어두워 보인다는 것은 큰 원의 중심이 지구가 아니라 지구 부근의 어떤 큰 점을 돌고 있다는 것입니다.

2 지구가 우주의 중심이라는 천동설과 성서의 내용이 잘 맞아떨어졌기 때문입니다.

06 여섯 번째 수업

1 코페르니쿠스는 행성이 원운동을 할 것이라고 생각했으며, 행성들이 태양을 도는 것이 아니라 태양 가까이 있는 어떤 점을 중심으로 돌고 있다고 생각했습니다.

2 지구는 태양 가까이에서 빠르게 돌고 있으며, 화성이나 목성 그리고 토성은 태양에서 멀리 떨어져 천천히 돌고 있다는 것입니다.

07 일곱 번째 수업

1 갈릴레이는 망원경을 이용하여 하늘을 관측하여 지동설을 증명하였으며, 케플러는 행성에 대한 관측 자료를 바탕으로 행성 운동의 법칙을 발견하였습니다.

08 여덟 번째 수업

1 주된 근거로는 금성의 위상 변화를 들 수 있습니다. 갈릴레이가 망원경을 만든 후 금성의 위상 변화를 꾸준히 관측했기에 알 수 있었던 천동설의 가장 큰 오류중 하나가 바로 금성의 위상 변화입니다. 천동설에서는 금성이 태양의 뒤쪽으로 갈 수 없기 때문에 보름달 모양의 위상이 나타날 수 없지만, 지동설에서는 지구-태양-금성의 배열을 이루어 보름달 모양의 금성을 관측할 수 있는 것입니다.

09 마지막 수업

1 아리스타르코스-코페르니쿠스-갈릴레이 순서로 지동설을 증명하는 데 노력했습니다.

2 ① 행성은 태양을 한 초점으로 하는 타원 운동을 한다.

② 행성과 태양을 잇는 직선이 그리는 면적과 속도는 일정하다.

③ 행성 운동 주기의 제곱은 궤도 반지름의 세제곱에 비례한다.

046권 피타고라스가 들려주는 삼각형 이야기

01 첫 번째 수업

1 3개의 선분으로만 둘러싸인 도형을 삼각형이라 합니다.

2 세 변의 길이가 같은 삼각형을 정삼각형, 두 변의 길이가 같은 삼각형을 이등변삼각형, 세 변의 길이가 모두 다른 삼각형을 부등변삼각형이라 합니다.

02 두 번째 수업

1 ∠C의 외각의 크기는 ∠A+∠B와 같습니다.

2 ① 이등변삼각형의 두 밑각의 크기는 같습니다.

② 이등변삼각형에서 꼭지각의 이등분선은 밑변을 수직이등분합니다.

03 세 번째 수업

1 $\frac{\overline{EG}}{\overline{EA}}$

2 무게중심은 중선을 2:1로 나누는 점이 됩니다. G는 무게중심이므로 구하려는 비는 모두 2:1입니다.

04 네 번째 수업

1 직사각형의 넓이는 $a\times b$가 됩니다. 따라서 이 직사각형을 이등분한 직각삼각형의 넓이는 $\frac{1}{2}\times a\times b$입니다.

2 $4\times 3\times \frac{1}{2}=6$

05 다섯 번째 수업

1 직각삼각형에서 빗변의 길이의 제곱은 다른 두 변의 길이의 제곱의 합과 같습니다.
$c^2=a^2+b^2$

2 $\sqrt{2}a$

3 작습니다, 큽니다.

06 여섯 번째 수업

1 ∠B=∠DAC가 되고, ∠ADB=∠CDA=90°이므로 △ABD와 △CAD는 닮음입니다. 이제 두 삼각형을 떼어 내어 그려 보죠.

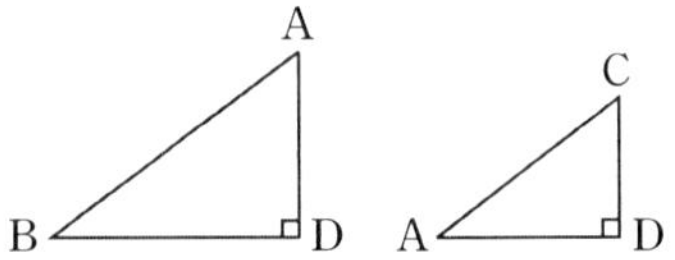

두 삼각형은 닮음이므로 다음과 같은 비가 성립합니다.

$\overline{BD}:\overline{AD}=\overline{AD}:\overline{CD}$

$\overline{AD}$를 □라고 하면

9:□=□:4

□×□=36

□=6

따라서 삼각형 ABC의 넓이는

$\frac{1}{2}\times 6\times 13=39$

입니다.

08 여덟 번째 수업

1

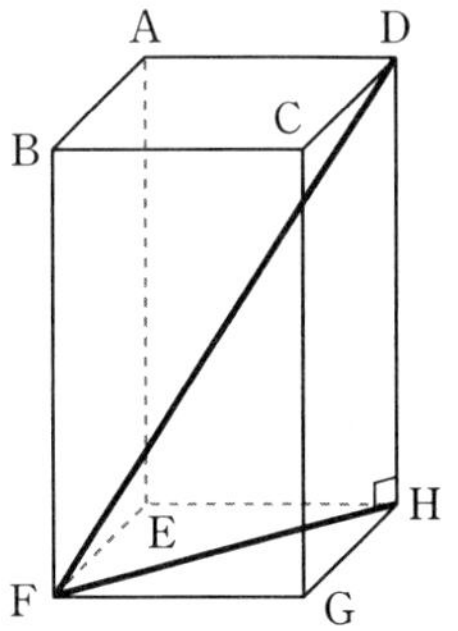

$\overline{DF}^2=\overline{FH}^2+\overline{DH}^2$

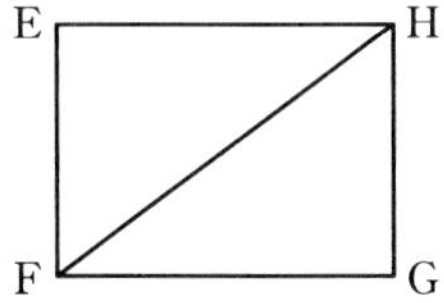

$\overline{FH}^2=\overline{FG}^2+\overline{GH}^2$

$\overline{FH}^2=4^2+3^2=25=5^2$

$\overline{FH}=5$

$\overline{DF}^2=5^2+12^2=169=13^2$

$\overline{DF}=13$

09 마지막 수업

1 벽에 부딪친 지점을 P라고 합시다.

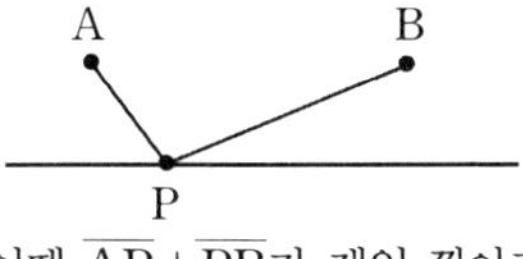

이때 $\overline{AP}+\overline{PB}$가 제일 짧아지도록 P를 택해야 합니다. 먼저 점 A의 벽에 대칭인 점 A′을 구합니다.

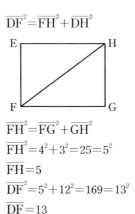

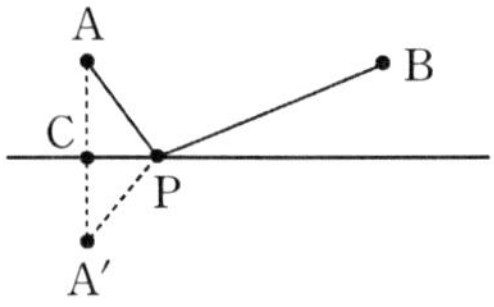

따라서 $\overline{AP}=\overline{A'P}$가 됩니다.

그러므로 $\overline{AP}+\overline{PB}=\overline{A'P}+\overline{BP}$입니다.

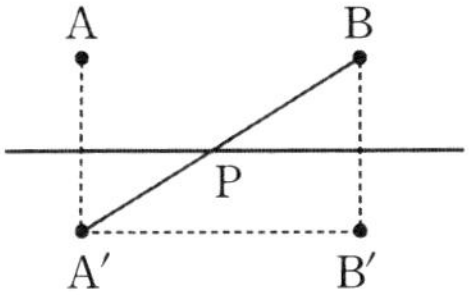

그림에서 A가 벽의 한점을 지나 B로 가는 가장 짧은 거리는 $\overline{A'B}$가 됩니다.

$\overline{A'B}^2=\overline{A'B'}^2+\overline{BB'}^2$

$\overline{A'B}^2=8^2+6^2=100=10^2$

즉, $\overline{A'B}$는 10이 됩니다. 따라서 A에서 벽의 한점에 부딪힌 후 B로 가는 가장 짧은 거리는 10입니다.

047권 로렌츠가 들려주는 야생 거위 이야기

01 첫 번째 수업

1 부리로는 알껍데기를 쪼을 수가 없으므로 숙여진 목을 강하게 펴면서 코끝의 난치로 껍질을 밀어 내며 깹니다.

2 새끼 거위가 어미 거위로 각인할 수 있기 때문입니다.

3 로렌츠는 자신이 직접 길렀는데 여러분은 어떻게 할 건가요? 생명을 거두는 데는 책임이 뒤따릅니다. 혹시 어미 거위가 될 결심을 했다면 중간에 힘들다고 내버려두지 말고 잘 챙겨주세요.

02 두 번째 수업

1 어미 거위는 자기 날개 깃털의 지방으로 새끼 거위를 문질러 줍니다. 그리고 보송보송해지도록 정전기를 만들어 줍니다.

2 야생 거위는 학습해야 하는 것이 많습니다. 그러나 사람이 가르쳐 줄 수 없는 부분도 있습니다. 그런 건 다른 야생 거위에게서 배워야 합니다. 그래서 사람에게 각인된 거위라

도 자신과 같은 종류인 거위와 함께 있어야 건강하게 자랍니다.

03 세 번째 수업

1 새끼 거위들은 하늘에서 땅으로 내려올 때 얼마만큼의 거리를 남겨 놓고 속도를 줄여야 하는지, 자신이 어느 정도 높이에서 날고 있는지 모릅니다. 따라서 새끼 거위는 아직 세세한 부분에서 많이 미숙하므로 어미 거위는 연습을 더 시킵니다.

04 네 번째 수업

1 무언가를 열심히 학습을 해야 한다는 것은 우리와 같은 점 같습니다. 로렌츠는 '사회행동' 을 한다는 점을 같은 점으로 꼽았습니다. 또 같은 점을 찾아보세요.

2 선입견을 버리고, 있는 그대로의 모습을 관찰해야 합니다. 인간에게 맞추려 하면 안 되고 동물들을 객관적이고 순수하게 관찰해야 합니다.

05 다섯 번째 수업

1 두 거위의 마음이 하나라는 것을 서로 확인하는 절차입니다. 인간으로 치면 약혼이나 결혼 서약 같은 의미가 있는 것입니다.

2 이혼율이 높고 가벼운 만남이 많은 요즘과 비교해서 생각해 보세요.

06 여섯 번째 수업

1 야생 거위 사회는 철저한 계급 사회라서 내부의 서열을 정하기 위한 싸움이 많습니다.

2 서열은 항상 변할 수 있습니다. 물론 서열이 변할 때는 내부 서열 싸움이 시작됩니다. 싸움에서 이기면 서열이 올라가는 거지요.

3 우리 사회는 거위처럼 계급 사회가 아닙니다. 그러므로 거위 세계와 같은 서열은 없습니다. 만약 인간 사회도 거위 세계처럼 싸움으로 서열을 정한다면 거위 세계처럼 강한 자만 살아남겠죠. 하지만 인간 사회는 동물의 세계가 아니므로 약자를 배려하는 노력을 하고 있습니다.

07 일곱 번째 수업

1 행동으로 많은 의사 표시를 합니다. 또한 소리로도 자신의 의사를 표현합니다.

08 여덟 번째 수업

1 새끼를 낳고 먹이를 구하기 위해서 가장 좋은 환경을 찾아 따뜻한 남쪽으로 이동하는 것입니다.

2 바람의 저항을 가장 적게 받는 무리 비행 방법이기 때문입니다.

09 마지막 수업

1 동물 행동학은 동물과 인간이 서로 소통하는 방법을 알려주는 학문입니다. 지구에는 인간만 사는 게 아닙니다. 따라서 지구에서 같이 살아가는 친구에 대해 아는 건 중요합니다.

048권 윌슨이 들려주는 판 구조론 이야기

01 첫 번째 수업

1 ① 지각 ② 맨틀 ③ 외핵 ④ 내핵

2 핵은 맨틀 아래에 위치하고 있으며 주로 금속으로 되어 있습니다. 외핵과 내핵의 큰 차이점은 외핵은 액체의 성질을 가지고 있으며, 내핵은 고체의 성질을 가지고 있다는 것입니다.

02 두 번째 수업

1 아시아 대륙, 유럽 대륙, 아프리카 대륙, 오세아니아 대륙, 북아메리카 대륙, 남아메리카 대륙, 남극 대륙입니다.

2 땅이 갈라지거나, 위로 솟아오를 수도 있습니다. 그 결과 건물이 무너지고, 도로가 없어지기도 하며, 해일이 덮쳐 마을을 모두 쑥대밭으로 만들어 버리기도 합니다. 지진의 피해는 지진파의 강도에 따라 천차만별입니다.

03 세 번째 수업

1 멀어지는 두 판이 이루는 경계를 발산 경계라고 합니다. 발산 경계가 생기는 이유는 암석권 아래의 맨틀을 상승류가 찢어 놓기 때문입니다. 이 맨틀의 흐름은 경계부에서 좌우로 흘러가며 양쪽의 암석권, 즉 두 판을 이동시킵니다.

2 히말라야 산맥은 충돌 경계를 대표하는 산맥으로 유라시아판에 인도판이 충돌해서 그 경계부에 만들어진 것입니다.

04 네 번째 수업

1 단층이란 서로 반대 방향으로 움직여 경계가 생기는 것을 말합니다. 단층을 만드는 운동이 생기면 땅은 아래위로 수직 이동을 할 수도 있고, 좌우로 수평 이동을 할 수도 있습니다.

05 다섯 번째 수업

1 판이 움직이는 것은 판 아래의 맨틀이 대류하고 있기 때문입니다.

06 여섯 번째 수업

1 약 5,000만 년 전에 인도판은 적도 부근까지 올라왔고, 그 이후에도 인도판은 수천 km나 더 이동하여 결국에는 유라시아판과 충돌하게 됩니다. 인도판은 유라시아판을 계속 밀어 높이 솟은 히말라야 산맥을 만들었습니다. 이러한 충돌로 인해 땅들은 엄청난 힘을 받아 휘어졌고, 땅이 휘어진 모습을 '습곡'이라고 부릅니다. 따라서 히말라야 산맥은 땅이 휘어진 습곡 산맥이라고 할 수 있습니다.

2 하나는 침강하는 해양판의 암석과 다른 해양판의 암석이 부딪치게 되는 것으로, 이때 아주 강한 마찰이 생겨나서 지진을 발생시킨다는 것입니다. 또 다른 현상은 침강하는 해양 지각이 기어 내려가면서 압력을 받고 또 열을 받게 되는데, 침강하는 지각이 부분적으로 녹기도 하고, 자신이 갖고 있던 물을 방출시키기도 합니다. 이때 녹은 지각이 바로 마그마를 만들 수도 있고, 방출된 물이 지각 위쪽의 맨틀을 녹여 마그마를 만들기도 합니다.

3 발생하는 깊이에 따라 천발 지진, 중발 지진, 심발 지진으로 나눕니다. 천발 지진은 약 70km보다 얕은 장소에서 발생하고, 중

발 지진은 그로부터 300km의 깊이까지, 심발 지진은 300km보다 깊은 곳에서 발생합니다.

07 일곱 번째 수업

1 열곡이란 주변보다 상대적으로 지형이 움푹 패여 낮아진 곳을 뜻합니다. 아프리카의 동쪽에 있는 이런 열곡의 연장을 '동아프리카 열곡대' 라고 부릅니다.

2 한국과 일본은 약 2,000만 년 전까지만 해도 거의 붙어 있었습니다. 한국과 일본 사이에 동해도 없었지요. 그러다가 서서히 일본이 떨어지면서 그 사이에 동해가 열리게 된 것입니다. 이런 현상도 작지만, 확실한 판 운동의 결과라고 할 수 있습니다.

3 미래 지구의 모습이 어떨지는 계산하는 과학자들에 따라 조금씩 다를 수 있습니다. 5,000만 년 후 한국 주변의 모습은 그림에서 알 수 있듯이 지금과는 상당히 다릅니다. 가장 주목할 것은 호주가 빠르게 북쪽으로 이동해서 한국 바로 아래까지 올라와 있다는 것입니다.

이렇게 한국과 일본, 호주가 가까워지면 서로 무역을 하기에 좋을 것입니다. 또한 여러 나라 사람들과 가깝게 어울려 지낼 수 있게 될 것입니다. 하지만 너무 가깝기 때문에 한국의 영해가 줄어들 것이며 그렇게 되면 어장이 줄어들고 어민들의 피해가 커질 것입니다. 또한 삼면이 바다로 둘려싸여 무역이 적당했던 곳이 배로 이동하기 어려워질 수도 있습니다.

09 마지막 수업

1 P파는 S파보다 빠르게 전파됩니다. 그리고 P파는 고체와 액체 모두를 통과할 수 있습니다. 그러나 S파는 고체는 통과해도 액체는 통과하지 못합니다. 따라서 만약 지구 내부에 액체로 된 부분이 있으면 P파는 기록되도 S파는 기록되지 않습니다. 지구의 외핵이 액체로 되어 있다는 사실은 외핵을 통과해 오는 지진파 중에서 S파가 기록되지 않는다는 사실에서 발견된 것입니다.

2 외핵이 액체로 되어 있기 때문입니다. P파는 지구 내부의 어떤 곳이 조금이라도 녹아 있다면 그곳에서는 속도가 감소합니다. 이 같은 P파의 성질로 인해 지구 내부의 차가운 부분과 뜨거운 부분을 알게 되었고, 지하의 같은 깊이에서도 온도가 다른 지역이 있다는 것이 밝혀졌습니다.

049권	플레밍이 들려주는 페니실린 이야기

01 첫 번째 수업

1 눈에는 보이지 않지만, 우리 주변에 있는 세균이 몸속으로 들어와서 병이 생깁니다.

2 우리 몸의 면역성을 키워 병원균으로부터 몸을 보호하기 위해서입니다. 원래 세균에 들어 있던 독성을 제거해 우리 몸속에 다시 넣으면 면역성이 생겨 그 병원균이 몸속에 들어 오더라도 병에 걸리지 않는 것입니다.

02 두 번째 수업

1 오래 저장할 수 있고 보관이 쉽습니다. 영양분이 풍부하고 소화를 돕습니다. 또 자연에서는 동물이나 식물을 분해시켜 거름으로 만들어 주기도 합니다.

03 세 번째 수업

1 효모균은 세균과 유사한 모습을 보이지만 세포 기본 골격을 보면 세균에는 없는 핵과 미토콘드리아, 소포체, 액포 등이 발달되어 있습니다.

2 먹다 남긴 음식, 오래된 빵 등을 빨리 치워야 합니다. 또 어둡고 습한 곳, 주변을 항상 청결하게 하고 습하지 않게 환기를 잘 시키도록 합니다.

04 네 번째 수업

1 플레밍은 자신의 조수인 크래독이 결막염을 앓고 있었을 때, 그 상처를 배양액으로 소독해 주자 상처 감염균들이 상당히 용균되고 있음을 기록할 수 있었습니다. 이것이 바로 최초의 페니실린 임상 적용이었습니다.

05 다섯 번째 수업

1 당시의 이 분야 연구 환경은 열악했습니다. 화학 요법의 개념을 받아들이고 싶지 않았다는 것입니다. 또 시험관에서 세균을 죽이는 물질을 사람에게 적용하면 세균뿐 아니라 건강한 세포도 죽인다고 생각했습니다.

06 여섯 번째 수업

1 미국의 생물학자인 캐니스 래퍼 박사의 조수 매리는 피오리아 시장의 과일 쓰레기 등

에서 곰팡이 종을 수집하다가 멜론에서 새로운 곰팡이가 분리된 것을 발견했습니다. 이것은 플레밍이 발견한 페니실리움 노타툼이 아니라 페니실리움 크리소게눔이었습니다. 이 균종은 배양액 속에 잠겨서도 잘 자랐고, 이전의 어떤 곰팡이보다도 더 많은 페니실린을 만들어 냈습니다. 발견자인 매리의 이름을 따서 '곰팡이 매리'라는 별명이 있습니다.

2 ① 있다 : 새로운 것을 시험해 본다는 것은 참 매력적이라고 생각됩니다. 또한 내가 먼저 맞아봄으로써 다른 사람이 안전하게 맞을 수 있다면 해 볼 수 있다고 생각합니다. 또 동물에게 실험을 하면 사람과 가장 비슷하다고는 하지만 어떤 반응이 나올지 모르는 것입니다. 사람에게 직접 실험해 보면 더 정확한 정보를 얻을 수 있게 되는 것입니다.

② 없다 : 새로 발명된 것이라면 부작용이 어떨지 알 수 없습니다. 그 실험에 응했다가 온몸에 털이 나거나 심하면 죽을 수도 있는 부작용이 따를지도 모르기 때문입니다.

07 일곱 번째 수업

1 페니실린을 만드는 것은 푸른곰팡이라고 하는 미생물이기 때문입니다. 다른 인위적인 화학적 변형 없이 순수하게 자연에서 만들어진 물질로 다른 균을 죽이거나 성장을 멈추게 하기 때문입니다.

2 항생제 내성균이 생기면 몸속에 들어간 세균들을 항생제로 치료할 수 없습니다. 항생제 내성균이 항생제로는 죽지 않기 때문입니다. 그렇기 때문에 더 독한, 항생제 내성균을 죽일 수 있는 더 강력한 항생제를 개발해야 한다는 것입니다. 결국 또 다른 새로운 항생제가 개발되어야 한다는 것입니다.

08 여덟 번째 수업

1 많이 또는 자주 항생제를 먹었기 때문에 우리 몸에는 이미 항생제 내성균이 생겼습니다. 그렇기 때문에 기존에 만들어진 항생제는 효과가 적게 나타나는 것입니다.

09 마지막 수업

1 ① 계속 새로운 약을 개발해야 하는 것은 당연합니다. 이미 환경은 오염될 대로 오염

되어서 어떤 병균이 어디에서 자라고 있는지 모를 지경입니다. 이런 상황에서 새로운 약 개발을 하지 않는다면 미래에는 무서운 전염병에 걸려 인류가 멸망할지도 모릅니다. 그래서 새로운 약을 계속 개발해야 한다고 생각합니다. 또한 아직도 약을 개발하지 못해 고통받고 있는 희귀병 환자들이 많습니다. 그런 환자들의 고통을 덜어주기 위해서라도 꼭 새로운 약은 개발되어야 한다고 생각합니다.

② 새로운 약을 개발하는 것은 끝이 없는 일 같습니다. 아마 새로운 약에도 내성균이 생겨 언젠가는 듣지 않게 될 것이기 때문입니다. 그러기 전에 나라에서 전체적인 프로그램을 만들어 국민들의 건강을 증진시킬 수 있는 방안을 짜는 것이 좋다고 생각합니다. 새로운 약을 개발하기 위해 들어가는 연구비를 다른 쪽으로 사용한다면 사람들이 더 건강해질 수 있다고 생각합니다.

050권 튜링이 들려주는 암호 이야기

01 첫 번째 수업

1 암호란 비밀스럽게 간직해야 할 정보를 보호하기 위한 장치입니다. 다른 사람이 메시지를 파악하지 못하도록 문자의 외형을 변형시키는 것이 일상 언어와 다른 점입니다. 자기만의 암호를 만들어 봅시다.

2 크립토그래피

02 두 번째 수업

1 스테가노그래피

2 우리 생활 속에서 찾아볼 수 있는 스테가노그래피로는 은행 계좌 번호나 신용카드 번호 등이 있습니다. 사료로 확인할 수 있는 스테가노그래피로는 사발통문이 있습니다.

3 필요에 따라 임의로 만들어 쓸 수 있다는 장점이 있습니다.

03 세 번째 수업

1 전위 방식의 크립토그래피는 순서만 바꾼

것이기 때문에 사용된 글자의 수는 물론이고 종류별 수까지 평문과 암호문이 일치합니다. 대체 방식의 크립토그래피는 평문 문자와 전혀 다른 암호문 문자로 대체되기 때문에 종류까지 일치하지는 않고, 나온 글자가 같은 정도로 반복되는 빈도의 비만 일치합니다.

2 제시된 평문을 사이테일에서 떼어 내면
친 사
구 랑
야 해
라는 암호문으로 적혀 있습니다.

04 네 번째 수업

1 크립토그래피의 대체 방식은 코드와 사이퍼로 나뉩니다. 코드는 평문의 단어나 구 혹은 문장을 대체시키는 방법이고, 사이퍼는 평문의 철자 하나하나를 대체시키는 방법입니다.

2 전체적인 암호 제작 방법을 가리키는 규칙(알고리즘)과 특징 암호를 해독하는 데 필요한 열쇠를 모두 갖추었습니다.

3 이론적으로 절대 보안성을 얻을 수 있습니다만, 현실적으로 불가능합니다. 긴 열쇠말을 만드는 자체도 어렵고, 송수신자끼리 나누어 갖는 것도 어렵기 때문입니다.

05 다섯 번째 수업

1 그들은 코란과 성경에 담긴 신비로운 뜻을 찾아내기 위해 거의 암호를 해독하는 듯한 노력을 했던 것입니다.

2 암호화와 코드화입니다. 메시지를 교환원에게 전달하기 전에 암호화하고, 최첨단 방식을 사용하는 데 고가의 비용을 지불해야 했기 때문에 코드화한 것입니다.

06 여섯 번째 수업

1 에니그마가 등장할 당시 해독이 불가능한 형태는 무한히 긴 무작위 열쇠말로 암호화한 완전 보완성을 갖춘 시스템이라고 생각되었기 때문입니다.

2 배전반은 자판에서 입력된 글자가 스크램블러로 들어가기 전에 위치를 바꿔 주는 기능이 있습니다. 배전반은 경우의 수를 늘리는 데 결정적인 공헌을 했습니다.

07 일곱 번째 수업

1 스크램블러는 선정된 암호 바퀴의 위치를

계속 바꿔 주는 역할을 합니다. 스크램블러는 경우의 수도 늘리지만 무엇보다 빈도 분석을 방지하는 데 목적이 있습니다.

2 전기 회로가 배전반 효과를 무시할 수 있도록, 즉 전체 회로를 통해서 배전반들이 서로 상쇄될 수 있도록 세팅하는 것입니다.

3 모든 알파벳 철자를 숫자로 전환한 다음, 숫자 열쇠로 본격적인 암호화도 하고 복호화도 하는 암호 체계입니다.

08 마지막 수업

1 송신자는 암호 제작 시에 사용한 열쇠를 수신자에게 전달해야 합니다.

2 암호의 핵심인 보안과 속도에서 획기적인 진화가 있으리라 짐작됩니다. 도청이나 복사가 불가능한 것은 물론, 0이나 1 외에 두 숫자가 중첩된 상태로도 전송이 가능해질 것입니다.